战略性新兴产业科普丛书（第二辑）

碳中和

能源变革与可持续发展的完美契合

肖　睿　刘建琳　主　编

江苏省科学技术协会
江苏省能源研究会　组织编写
江苏省环境科学学会

南京大学出版社

图书在版编目（CIP）数据

碳中和：能源变革与可持续发展的完美契合 / 肖睿，刘建琳主编．-- 南京：南京大学出版社，2022.4
（战略性新兴产业科普丛书．第二辑）
ISBN 978-7-305-25548-9

Ⅰ．①碳… Ⅱ．①肖… ②刘… Ⅲ．①二氧化碳 - 排气 - 普及读物 Ⅳ．① X511-49

中国版本图书馆 CIP 数据核字（2022）第 046061 号

出版发行　南京大学出版社
社　　址　南京市汉口路 22 号　　　　邮　编　210093
出 版 人　金鑫荣

丛 书 名　战略性新兴产业科普丛书（第二辑）
书　　名　碳中和：能源变革与可持续发展的完美契合
主　　编　肖　睿　刘建琳
责任编辑　苗庆松　　　编辑热线　025-83592655

照　　排　南京新华丰制版有限公司
印　　刷　南京凯德印刷有限公司
开　　本　718×1000　1/16　印张　12.5　　字数　220　千
版　　次　2022 年 4 月第 1 版　2022 年 4 月第 1 次印刷
ISBN 978-7-305-25548-9
定　　价　64.80 元

网址：http://www.njupco.com
官方微博：http://weibo.com/njupco
微信服务号：NJUyuexue
销售咨询热线：（025）83594756

《战略性新兴产业科普丛书（第二辑）》编审委员会

本书编委会

主　　编　肖　睿　刘建琳

副 主 编　吴石亮　巩　峰　李　桃

顾东清　俞学如

编　　委　徐维聪　刘丽珊　马鸣阳

刘攀笏　孙向阳　傅岳峰

孔庆峰　罗俊仪　刘伟龙

王婷婷　熊峰

总 序

当今世界正经历百年未有之大变局，新一轮科技革命和产业变革深入发展，我国发展环境面临深刻复杂变化。2021 年 3 月颁布的我国《国民经济和社会发展第十四个五年规划和 2035 年远景目标纲要》将“坚持创新驱动发展 全面塑造发展新优势”摆在各项规划任务篇目的首位，强调指出：坚持创新在我国现代化建设全局中的核心地位，把科技自立自强作为国家发展的战略支撑，并对“发展壮大战略性新兴产业”进行专章部署。

战略性新兴产业是引领国家未来发展的重要力量，是主要经济体国际竞争的焦点。习近平总书记在参加全国政协经济界委员联组讨论时强调，要加快推进数字经济、智能制造、生命健康、新材料等战略性新兴产业，形成更多新的增长点、增长极。江苏在“十四五”规划纲要中明确提出“大力发展战略性新兴产业”“到 2025 年，战略性新兴产业产值占规上工业比重超过 42%”。

为此，江苏省科协牵头组织相关省级学会（协会）及有关专家学者，围绕战略性新兴产业发展规划和现阶段发展情况，在 2019 年编撰的《战略性新兴产业科普丛书》基础上，继续编撰《战略性新兴产业科普丛书（第二辑）》，全方位阐述产业最新发展动态，助力提高全民科学素养，以期推动建立起宏大的高素质创新大军，促进科技成果快速转化。

丛书集科学性、知识性、趣味性于一体，力求以原创的内容、新颖的视角、活泼的形式，与广大读者分享战略性新兴产业科技知识，探讨战略性新兴产业创新成果和发展前景，为助力我省公民科学素质提升和服务创新驱动发展发挥科普的基础先导作用。

“知之愈明，则行之愈笃。”科技是国家强盛之基，创新是民族进步之魂，希望这套丛书能加深广大公众对战略性新兴产业及相关科技知识的了解，传播科学思想，倡导科学方法，培育浓厚的科学文化氛围，推动战略性新兴产业持续健康发展。更希望这套丛书能启迪广大科技工作者贯彻落实新发展理念，在“争当表率、争做示范、走在前列”的重大使命中找准舞台、找到平台，以科技赋能产业为己任、以开展科学普及为己任、以服务党委政府科学决策为己任，大力弘扬科学家精神，在科技自立自强的征途上大显身手、建功立业，在科技报国、科技强国的实践中书写精彩人生。

中国科学院院士、江苏省科学技术协会主席 陈骏

2021 年 3 月 16 日

前言

全球气候变化正在对人类社会构成巨大的威胁。2020年，全球与能源相关的二氧化碳排放量高达315亿吨，并且仍在不断增长。二氧化碳是一种主要的温室气体，而温室气体是全球变暖的主要原因之一，会带来冰川融化、海平面上升、高温热浪、生态环境破坏等一系列问题，人类的生产与生活都会受到不可逆转的影响。或许你生活在炎热的亚热带地区，冰川离你很遥远，又或许你每天穿梭在钢筋水泥的城市中，看到新闻报道中被破坏的植被时会想：这与我的生活有什么直接关系？气候问题带来的自然灾害听起来离我们很遥远，但实际上，任何一个国家、企业和个人都无法逃脱全球变暖的负面影响。国家要发展经济，企业要追逐利益，个人要生活，大到跨国贸易，小到细胞呼吸，碳排放无处不在，与我们息息相关。

那么在面对无时无刻不在排放碳、全球变暖进一步加剧的困境时，应该怎么做来扭转这种局面？中国国家主席习近平在第75届联合国大会上提出："中国将提高国家自主贡献力度，采取更加有力的政策和措施，二氧化碳排放力争于2030年前达到峰值，努力争取2060年前实现碳中和。"碳中和一般是指国家、企业、产品、活动或个人在一定时间内直接或间接产生的二氧化碳或温室气体排放总量，通过植树造林、节能减排等形式，以抵消自身产生的二氧化碳或温室气体排放量，实现正负抵消，达到相对"零排放"。而碳达峰指的是碳排放进入平台期后，进入平稳下降阶段。 碳达峰与碳中和一起，简称"双碳"。碳中和听起来是简单的"抵消"机制，但实施起来非常不容易，因为世界各国共同达成碳中和目标是史无前例的大规模合作行动。每个国家是根据自身的经济发展水平和国情来制定发展目标和政策的，让各国在全球范围内统一行动是一项庞大而复杂的工程。但是，如果任由二氧化碳大规模排放，气候变化将给人类带来毁灭性的灾难。那么将如何实现碳中和与碳达峰？该书将会从多方面多角度进行介绍。本书将从碳中和提出的背景开始，逐步为你讲述碳中和碳达峰的意义，在实现碳中和的关键要素有哪些，我国各行业在碳中和目标下的转变路径及机遇是什么。

本书由东南大学肖睿教授和江苏省环境科学学会刘建琳理事长共同担任主编，东南大学吴石亮副研究员、巩峰副研究员、李桃研究员、江苏省能源研究会顾东清秘书长和南京市生态环境保护科学研究院俞学如高级工程师担任副主编，其中吴石亮编写第一章和第五章，李桃编写第二章，巩峰编写第三章和第四章，最后由肖睿统稿。本书编写过程中，得到了江苏省科学技术协会、江苏省能源研究会、江苏省环境科学学会、南京大学出版社和东南大学能源与环境学院领导和同事的支持。本书编写过程中得到了东南大学能源清洁利用课题组徐维聪、刘丽珊、马鸣阳、刘攀笏、孙向阳、傅岳峰、孔庆峰、罗俊仪、刘伟龙和南京市生态环境保护科学研究院王婷婷和熊峰的鼎力相助，也得到了江苏省环境科学学会陈乐秘书长的大力支持，在此一并表示感谢。

本书在编写过程中，力求全面完美，但终究才疏学浅，水平有限，书中不足之处在所难免，恳请读者不吝赐教和批评指正。

肖睿
于东南大学四牌楼校区
2022 年 3 月

第一章 “碳达峰”和“碳中和”

伴随着经济与工业的发展，各种化石燃料的燃烧直接造成了二氧化碳的过量排放，这会导致全球温室效应的加剧，进而引起一系列的气候变化，对我们生活的环境造成危害。

如 2021 年暑假，河南洪水与美、加等国家的罕见热浪，这些现象，属于全球变暖与气候变化加剧的气候灾害，危害了人们的生命财产安全。各国政府针对这一现象都进行了对策的研究与制定，《联合国气候变化框架公约》《京都议定书》《巴黎协议》等公约的陆续推出都体现了国际社会对二氧化碳过度排放的重视。中国也在这场行动中起着关键作用，在上述国际公约签订之外，我国还针对国家整体二氧化碳排放问题制定了《应对气候变化国家方案》，将控制温室气体排放行动目标纳入“十二五”规划，提出了碳达峰碳中和战略。

本章将会围绕碳达峰碳中和政策是什么，温室效应与气候变化是什么，对我们有什么影响，人类与碳排放的关系以及国内外与碳排放的关系展开。

第一节 “碳达峰”和“碳中和”概念

碳排放与经济发展密切相关，经济发展需要消耗能源，随之排放出大量的二氧化碳。同时气候变化的产生，及其对生命系统构成的威胁，是人类面临的全球性问题。在这一背景下，世界各国以全球协约的方式减排温室气体，中国在联合国大会上向世界宣布了在 2030 年前实现碳达峰、2060 年前实现碳中和的目标。本节将介绍碳达峰、碳中和战略指的是什么概念，我们为什么要进行碳达峰、碳中和以及我们应该怎样实现碳达峰、碳中和。

一、碳达峰、碳中和的简述

“碳达峰”指的是我们国家整体二氧化碳的排放量不再增长，达到峰值。“碳中和”指的是我们国家整体二氧化碳的排放量与二氧化碳固定量持平，也就是在节能减排的同时，采取植树造林、二氧化碳吸附等方式将大气中的二氧化碳固定下来，以抵消工业的二氧化碳产生量（图 1–1）。要实现碳达峰、碳中和战略，主要就是两大核心思路：（1）减少碳源；（2）增加碳汇。

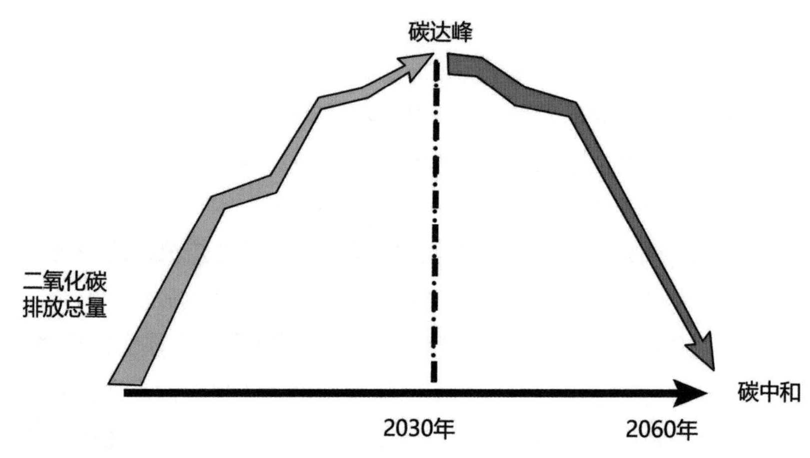

图 1–1 碳达峰、碳中和的二氧化碳排放总量示意图

1. 减少碳源

减少碳源，就是减少二氧化碳的排放。首先让我们聊聊二氧化碳的来源，二氧化碳的主要增量来自人类活动，人类活动中排放二氧化碳份额最大的就是能源行业。这是由于能源与工业直接挂钩，社会要发展就需要提高生产力，随之就需要更多的工业能源，大部分国家能源的主要获取方式还是以燃烧化石燃料发电为主，这直接导致了二氧化碳的巨量排放。

2. 增加碳汇

增加碳汇，就是增加大气中的二氧化碳的固定，二氧化碳的捕集与封存技术又称 CCS 技术，是通过设备捕集气体中特别是工业生产排放高浓度二氧化碳的尾气，再进行利用或封存避免其排入大气。另一种捕集方式就是利用植物的光合作用，把大气中的二氧化碳转化为植物体内的纤维素等含碳物质，以减少已经存在于大气中的二氧化碳。

二、二氧化碳巨量排放对人类的影响

我们之所以这么迫切地需要减少大气中二氧化碳的浓度，是由于大气中过高的二氧化碳已经出现了明显的弊端。如温室效应过强、极端气候频繁出现、地区气候改变等现象。当今世界是一个全球化的世界，从环境、社会、经济的角度出发都需要我们实现碳达峰、碳中和。

1. 环境角度

从环境角度看，随着气候变化，环境的恶化已经对人类社会造成严重的影响。中央气象台数据显示，2021 年 3 月的沙尘天气强度为近 10 年来最强，沙尘天气影响面积超过 380 万平方千米，影响我国西北、华北大部、东北地区中西部、黄淮、江淮北部等地，约占国土面积的 40%。月末再次出现大范围沙尘天气，强度略弱、范围略小、影响位置偏东。沙尘过境期间，我国北方多地空气质量达到严重污染（图 1–2）。

新疆塔里木河流域由于上游地区长期大量开荒造田，该河下游 350 千米的河道已经断流。胡杨林面积锐减，由 20 世纪 50 年代的 52 万公顷减至 90 年代的 28 万公顷，用于阻挡沙漠的植物屏障逐渐消失，罗布泊已经干枯沦为沙漠，产生了荒漠化现象（图 1–3）。这一方面是由于当下我国森林面积不足，另一方面，是由于过度的工业发展，高污染、高耗能的产业加剧了环境恶化。为了保护环境，保护我们赖以生存的家园，我们需要立即着手对现有的问题进行改进。我国的碳达峰、碳中和战略，将促使环境更加适合人民居住，随着碳达峰、碳中和的实施，植树造林将会是一项重要举措，更多的二氧化碳将会转换为树木等具有防风固沙、改善环境的资源。

图 1–2　沙尘天气

图 1-3　荒漠化

而那些高污染、高耗能的产业生产模式，也将会随着碳达峰、碳中和的具体实施而被改造成更节能减排、环境友好的运作方式。国家将更注重这一类重点污染产业的环境友善化，用科技的力量，节约在生产过程中一些可以被节省的能源，即充分减少能源的损失、改善能源的利用方式、做到多次高效利用能源、充分利用能源剩余价值、减少能源浪费。此外，减少生产过程中二氧化碳的排放，使用二氧化碳捕集设备（图 1-4），减轻环境的负担，也是必不可少的。

图 1-4　东南大学设计的火电厂二氧化碳捕集装置

2. 社会角度

2021 年中央财经委员会会议提出，“实现碳达峰、碳中和是一场广泛而深刻的经济社会系统性变革，要把碳达峰、碳中和纳入生态文明建设整体布局”。实现碳达峰、碳中和意味着我国更加坚定地贯彻新发展理念，构建新发展格局，推进产业转型和升级，走上绿色、低碳、循环的发展路径，实现更高质量发展。

我国早已开始对碳达峰、碳中和进行布局，并于 2003 年将“全面协调可持续”写入“科学发展观”。我国推行的一带一路战略以及同期宣传的“人类命运共同体”，一个是经济方面，一个是文化方面，二者合二为一，将加强我国在国际上的地位，也意味着我国将会承担更多的责任。我国成为世界强国的过程中，在环境方面也需要为世界做出中国榜样。

图 1-5　2020 年联合国气候变化大会

他国在环保问题上左右互搏时，中国可以在真空期接过世界碳排放议题的领导权，从而在世界舆论话语权上占据有利地位，制定更公平、也更有利于我们的环境政策（图 1-5）。

3. 经济角度

经济发展依托着工业生产，而能源是工业生产的基本动力，若单纯限制能源产业，则会对经济造成巨大冲击，导致工业缺乏能源与原料。因此，在实现碳达峰碳中和的同时，我们需要兼顾实际工业生产的需求。

实现碳达峰、碳中和，需要减少化石能源的使用，并且通过技术进步更多地使用光伏、风、电等清洁能源。从短期来看，促使企业节能减排，并且大规模减少化石能源，会对当前的经济结构以及整个经济带来较大影响；但是长期来看，对经济总量的影响没那么大，但对经济结构影响非常大，将促进产业进一步向高值化、节能化、环保化发展，减少傻大黑粗的生产模式，用更少的能源创造出更多的价值。

从国内角度看，我国发展已经过了最高速时期，经济进入新常态。这意味着我们经济发展的工作重心，从极致地追求数量，转移到把质量要求放在

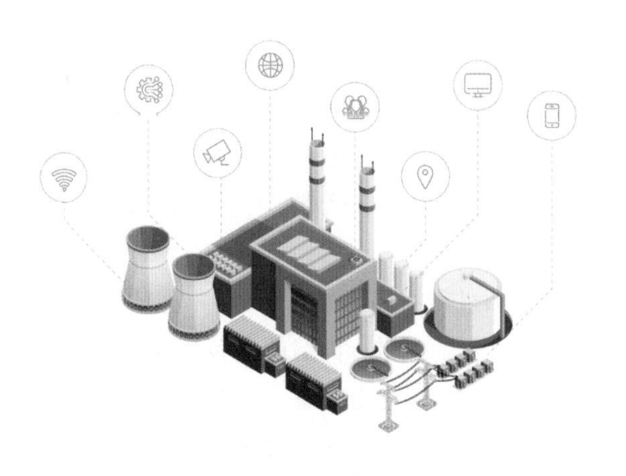

图 1-6　智慧电厂

第一位。第三次工业革命的红利即将耗尽，第四次工业革命就是智能化。我国紧紧抓住了这波智能化浪潮（图 1-6），不断提高生产效率，实现供需一体化，智能精细化制造有利于碳达峰、碳中和政策的实施。

三、实现碳达峰、碳中和的方法

要实现碳达峰碳中和，我们应该注重以下几点：

1. 促进节能减排

目前我国的火电厂，正常装机容量的机组，发电效率在 40%；百万机组规模的电厂，效率在 42% 左右，最高水平的电厂，总体效率达到了 48.92%，并且能源输电效率在 95% 左右。能源运送到企业内，也存在各种各样的生产与非生产损耗，设备对能源的利用效率在 60% ~ 80% 范围内浮动。由此看来，我国的能源利用效率还有很大的提升空间。

我们不可能为了不排放二氧化碳而放弃工业化，这无异于舍本逐末，人类想要更长久地生存与发展，是无法离开工业的。因而想要达到碳达峰、碳中和，我们能做的是减少工业的能源浪费，即提高能源利用效率，同步发展新能源以摆脱对传统化石能源的依赖。节能减排是实现“碳中和”目标最重要、最经济的手段。在现有节能技术的基础下，充分利用工业 4.0 数字化、智能化强化节能，充分利用能源的剩余价值，从粗犷型生产转型发展为精细化生产。节能减排的目的，也应该从单纯的舆论导向转变为市场实际的需求。

通过国家陆续出台的一系列环保相关政策与措施，促进企业进行节能减排。在生产工艺方面，通过技术优化，简化生产流程，提高节能效率，在保持现有产能的基础上，减少不必要的浪费。在设备的设计与选用方面，采用智能节能技术，通过设计与改造，提高耗能设备的能源使用效率，达到节约能源的效果。在生产流程的末端方面，通过技术手段回收再利用原本生产过程中废弃的能源。在生产流程设计方面，根据生产实际需要，对能源进行空间和时间上的智能分配，从而提高能源总体使用效率，实现节能。

2. 发展清洁能源

随着我国科学技术的发展，核能、风能、太阳能发电的技术不断成熟并且商用（图 1–7），替代化石能源并降低二氧化碳成为可能。当新能源增长的速度超过我国经济对能源需求增长速度的时候，意味着此时二氧化碳的排放接近峰值，也就实现了我们所谓的碳达峰。再往后，清洁能源进一步发展，逐渐替代化石能源的市场份额，化石能源的需求将会逐渐萎缩，排放的二氧化碳随之出现降低的趋势。当清洁能源彻底成为主要能源时，化石能源退出历史舞台，此时总体二氧化碳的排放趋于零，达成了碳中和的极端。

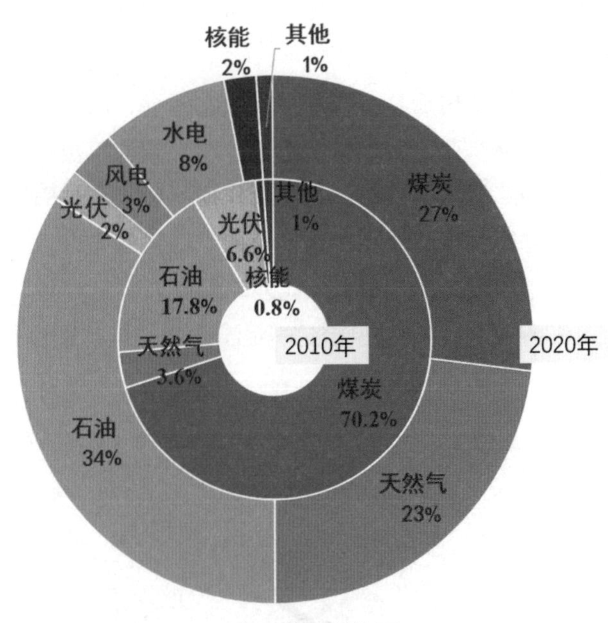

图 1–7　我国能源结构图

我国各行业二氧化碳排放的总量在 2019 年达到约 115.35 亿吨，将其减少到零，是一项十分艰巨的任务。碳中和作为碳达峰之后的第二阶段目标，其实现方式主要是开源与节流。所谓开源，就是减少使用以煤炭、石油这类会产生大量二氧化碳排放的化石能源。相对地，需要发展非化石能源，即以太阳能、风能、核能为代表的清洁能源，随着这类能源的持续发展，化石能源的市场必将退出历史舞台。

在现有的碳排放结构中，燃烧化石燃料的火力发电产生的碳排放是最多的。2010 年火电占比全部发电量的 80.30%。2020 年，火电同比增长 4.7%，装机容量达 124 517 万千瓦，占比 56.58%。虽然存在一定的增长，但相较于 10 年前，能源占比已经呈现了明显的下降，且火力发电造成了全国 38%

的碳排放总量，减少火力发电碳排放将会是未来 40 年工作的重中之重。

将来的电力供应格局会是这样的结构：光伏 > 风电 > 核电 > 水电。

3. 开展碳捕集相关工作

当人类活动需要获得能量时，往往会向环境中排放出二氧化碳，作为循环，就存在相对性。那么存不存在一种技术手段，能够将环境中的二氧化碳给固定下来，作为消耗的代价，需要耗费一部分能源。作为最简单的我们常见的绿色植物就有这个能力，植物通过太阳照射的能量，将空气中的二氧化碳通过光合作用固定为植物体内的有机物（图 1-8）。并且，在面对如煤炭燃烧尾气等高浓度二氧化碳的气体时，可以采用碳捕集设备耗费不多的能量捕集大量的二氧化碳。

我们可以通过植树造林、二氧化碳捕集封存，固定大气中已有的二氧化碳，形成一个负碳产业。例如植树造林，在大量种植植物之后，随着植物的生长，空气中的二氧化碳被植物的光合作用所吸收，被固定在植物体内，这也是碳中和的重要手段。藻类作为繁殖能力极强的光合生物，也有着十分不错的碳捕集应用前景（图 1-9）。此外充分发展碳汇交易，实现节能减排的市场化，用市场的力量来补贴碳捕集所需要的成本（图 1-10）。

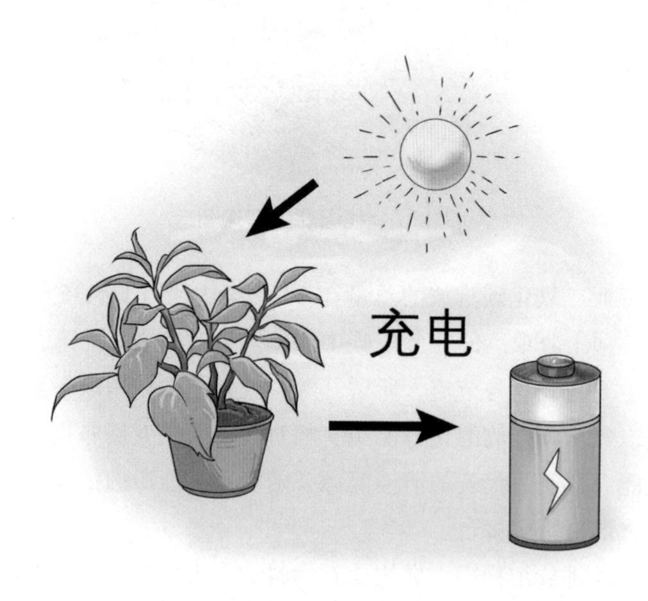

图 1-8　植物光合作用也在为社会产生能源

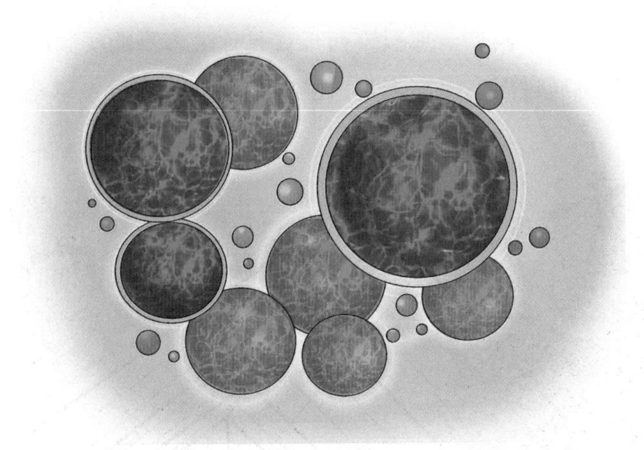

图 1-9　微藻能源

图 1-10　碳交易

第二节　温室效应

在各种科普渠道中，温室效应经常被提及，与大众所了解到的不同是，温室效应在我们生活中十分常见，与人类息息相关。并且地球层面的温室效应与我们的二氧化碳排放有着密切关系，本节将介绍温室效应概念的由来，地球温室效应指的是什么，对我们生活有什么影响，我们应该做些什么防止负面效应。

一、温室的由来

温室，字面意思上指的是温暖的房间，比如冬季花朵培育用的温室。这个词的产生是用来指一类帮助植物度过冬天的房间或者大棚。比如，西瓜里面水分很多，可要是遇上了低温，瓜藤就会枯萎，更有甚者，瓜都能冻坏，冬天你若想吃上一个西瓜，那温室西瓜就是你最容易购买到的了，除此之外还有很多蔬菜也通过温室提高产量，比如温室大白菜、温室草莓等(图1-11)。

图 1-11　温室花房

在我们生活中也经常与温室打交道，例如冬天我们更喜欢待在有玻璃窗的房间里取暖，并且还会拉开窗帘让太阳光照射进来，这时候我们能明显感觉到温暖，这就是一个最常见的温室。从原理上解释一下这类温室的机理，可以归纳为两大必备条件：（1）作为热源的太阳；（2）挡风有保温的房间。这二者分别起到了加热与保温的作用，缺一不可（图 1-12）。

图 1-12　温室房间

试想一下，将你的房间拉上窗帘，你能很快感觉到阴冷，这是由于作为热源的太阳被阻隔了，进一步来讲，房间和太阳之间传递热量的主要途径是通过太阳光的照射，又叫作太阳辐射，一旦阻隔了它们之间传递热量的路线，也就是拉上窗帘之后，它们之间的热量传递就会极大地削弱甚至切断。

再试想一下，这回我们不

是拉开窗帘而是将围墙拆除，虽然太阳仍然照射在你的身上，但你能感觉到明显的寒冷，这是因为起到保温作用的房间被破坏了，从太阳传递过来的热量还是一样，但由于热量散失得很快，留不下热量了。

然后试想最极端的情况，用乌云挡住太阳的同时，还拆了你的房子。你感觉的寒冷程度比前两者更强了，这是因为两个必备条件都被破坏了。此时我们可以说，你已经不处在原来那个有玻璃窗的温室之中了，但别担心，你还处于一个更大的温室中，这时候的墙壁便是我们的大气层，作为热源的太阳光虽然被挡住了一部分，但还有一部分透过云层照射下来，要不然你就伸手不见五指了。如果你非得离开这个大温室，那我还是劝你不要这么任性，我给你举个例子便知，月球的黑夜（图 1–13），由于没有大气作为保温层，也没有太阳作为热源，夜间温度达到 –183℃。人在月面上，岂不得冻成冰棍。

图 1–13　月球

需要指出的是，这里讲的辐射，是热量通过阳光这类电磁波传递的辐射，电磁波主要呈现的是波的属性，它对粒子类物质的影响，基本只有照射后升高温度，这一最主要的作用，我们可以更精确地定义其为热辐射。相对地，人们谈之色变的辐射，往往指的是电离辐射，核辐射就属于电离辐射，电离辐射照射的是高速粒子，比如质子、中子这一类主要呈现的是粒子的属性，这类辐射能够穿透物质，对目标物体造成不可逆的损害。在本章中提到的辐射，如果没有特别说明，都是热辐射而非电离辐射（图 1–14）。

讲到这里，相信你对温室有了一个基本的认知。温室效应，我们咬文嚼字一下，指的是地球维度上出现的一种类似温室的现象，我们生活可谓是一刻也离不开它（图 1–15）。但是温室效应也会有负面的作用，比如初夏，草莓大棚太热了，草莓就会开始腐烂变质，所以草莓就在春季末尾下市；又比如，你在大夏天穿个羽绒服在太阳下走一走，很容易捂出痱子甚至中暑。不知道你发现了没，刚刚的两个例子一个是由于热源太强，一个是由于保温太好引起的。可谓物极必反，温室效应造成的负面例子还有很多，我们不再一一列举。

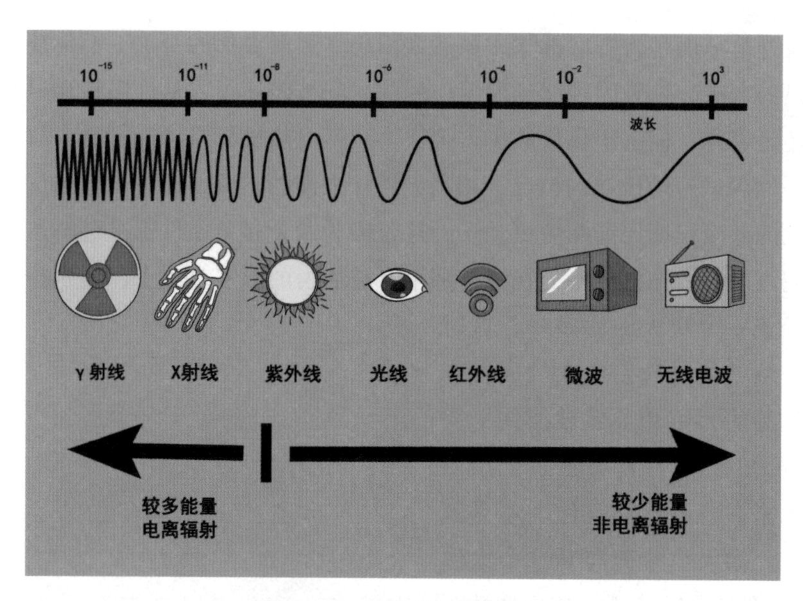

图 1-14　辐射波段的区分

图 1-15　地球温室大气层保温漫画图

总结一下，温室效应注重两个必备条件：热源与保温。

二、地球温室效应概述

言归正传，在这里我们讨论本书的核心问题之一，地球的温室效应。温室效应对于人类的生存而言十分重要，研究温室效应，可谓是人类想要长久生存下去的一个必备课题。怎么控制刚刚提到的两大必备条件：（1）热源；（2）保温，就成了研究这个问题的关键。

我们先来谈谈第一点必备条件：热源。地球的热源主要来自太阳的照射，属于辐射传热，并且是外部传递进来的热量。外部传进来的热源很少，除了太阳之外，只剩流星、陨石之类，造成不足九牛一毛的热量变化。抱歉，这个量级还是不对，应该是地球上所有牛，其中一头牛的一根牛毛造成的影响。有外部热源，传递进来热量，自然也有内部热源。内部产生的热量的形式有很多，可以是驱动汽车跑起来的发动机内部燃烧，可以是你日常玩手机时的手机发烫，但主要是工厂需要用到的化石能源——火力发电厂所用的煤炭燃烧。不过内部热源，在相比太阳这一主要外部热源前，也不过九牛一毛。因此，地球温室效应的主要来源可以简单定义为太阳照射（图 1–16）。

我们再来谈谈第二点必备条件：保温。当太阳辐射到地表后，地球表面温度就会上升，其散失温度的方式便是通过向更低温度的太空环境进行热辐射（图 1–17）。此时为地球起到保温作用的便是大气层，相当于地球裹着的一身保温羽绒服，阻止地球向太空中散热。而决定这一保温效果的，便是大气层里面的成分，即我们通常讲的温室气体，因为温室气体对地球向低温太空中释放的长波辐射吸收很强（大气中的温室气体主要是二氧化碳、甲烷、一氧化二氮、水汽等气体），就能强化这一保温作用，进而强化了温室效应（图 1–18）。

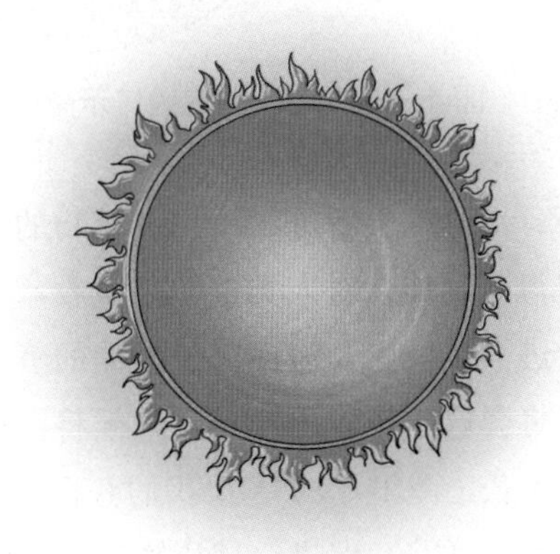

图 1–16　太阳

若要控制温室效应在一个合适的温度范围，从热源上控制，有在近地轨道设置巨型太阳能遮光板等科幻想法，但暂时还是无法得到现实的技术支撑；我们只能控制用于保温效应的大气层，大气层的成分就是相对最容易控制温室效应的手段，可以通过改

图 1–17　地球温室大气层

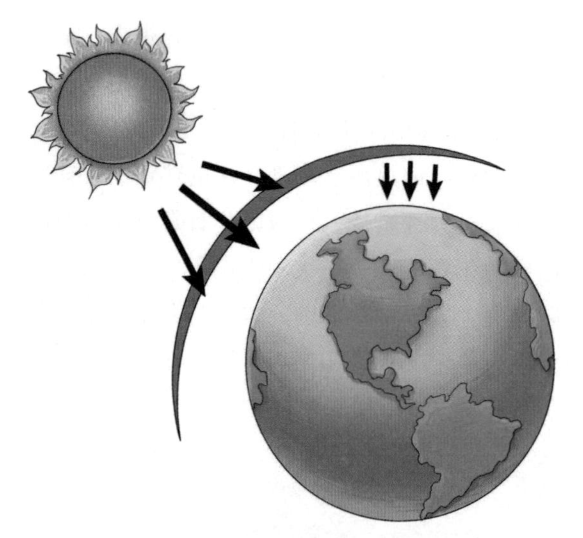

图 1-18　地球温室效应示意图

变二氧化碳、甲烷等的排放，进而达成温室效应的控制。

三、地球温室效应加剧的利弊

随着空气中二氧化碳等温室气体浓度的增加，地球的温室效应也在加剧，这一加剧效果会对人类社会造成一些有利与不利的影响：

有利部分：

一些寒冷地区的气温升高，部分冻土解冻，一部分植物的分布区域增大，也意味着耕地、森林面积将得到延伸，对人类整体来说收益可能为正。由于全球气温的上升，冰川将会进一步减少，海面以及湖泊的蒸发水量将会上升，全球水位变动和气候情况将会产生较大的差异，气候将会更加温暖潮湿，这将会促进绝大部分植物的生长（图 1-19），让我们获得更多资源，同时净化空气。北冰洋解冻，北极航道开辟，促进全球货物流通（图 1-20）。

图 1-19　热带雨林气候植被

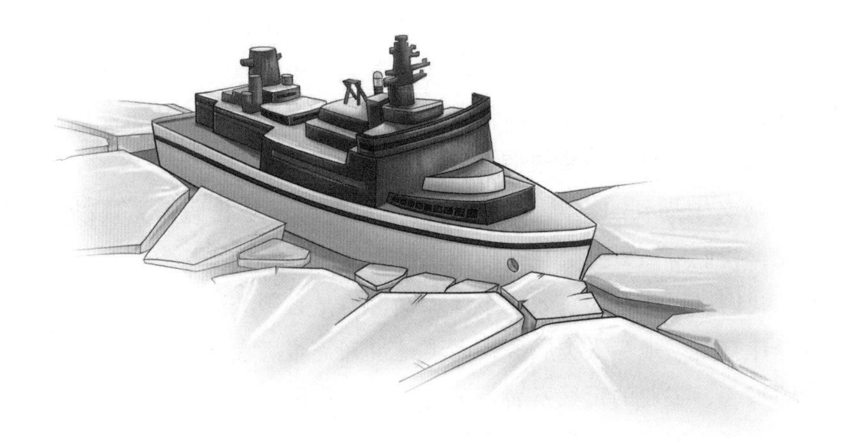

图 1-20　破冰船在北极航道行进

不利部分：

温室效应过强的最主要也是最严重的后果，便是冰川消融，水分流入大海造成的海平面上升。一些沿海海拔较低的城市以及国家，有沉没的风险，比如上海、日本。预期 1900 年至 2100 年地球的平均海平面上升幅度介乎 0.09 米至 0.88 米之间。世界银行的一份报告显示，海平面每上升 1 米，将导致 5 600 万沿海城市人民沦为难民。

随着温室效应带来的全球变暖，水汽蒸发速度加快，地球上的海陆水汽大循环将加快。洪涝、暴雨、台风等气象灾害便随之增加（图 1-21）。典型的就是厄尔尼诺现象，其特征是太平洋沿岸的海面水温异常升高，海水水位上涨，引起海啸和暴风骤雨，造成一些地区干旱，另一些地区又降雨过多的异常气候现象。还有各种反常现象和极端天气的出现，比如我国南方部分地区出现 40 ℃的高温，偶尔夏天也会出现冰雪现象，更加严重的是由于气温的不稳定，带来的其他现象。

随着温室效应加剧，全球气候变暖，地球上的病虫害将增加，温暖潮湿的环境也将更适合害虫以及病毒的生存。

图 1-21　洪水淹没村庄

值得一提的是，有文章强调，被冰封十几万年的史前致命病毒可能会重见天日，其致病性有一定概率使人类文明受到重创，虽然这些病毒被冰封许久，其适应性以及活性有待商榷，但肯定不能排除病毒卷土重来的可能性。

四、怎么面对地球温室效应

正如前文中提到的，温室效应有利也有弊，也是我们人类赖以生存的自然现象，我们应该以一个什么样的态度面对它呢？许多学者以其研究结果都证明，我们可以允许温室效应小幅加剧，但是必须减缓其速度，并且控制其强度，让它更多地为人类服务，而不是带来灾难。在最近一百年，随着工业革命的兴起，工业的迅猛发展带来的以二氧化碳为主的温室气体的大量排放，导致大气温度明显上升，从而加剧了温室效应，已经是不争的事实。如果不采取积极措施来减少温室气体的排放，温室效应导致的环境恶化，很可能会威胁到人类的生存。

当前，减少温室气体的排放、保护人类的生存环境，已经成为各国政府认真研究的课题，在此基础上，人类制定了一系列的方案应对温室效应，其中最著名的便是巴黎气候协定，而我国对温室效应提出的最具有前瞻性的方案便是碳达峰、碳中和。

第三节 气候变化

过量的碳排放除了引起地球温室效应加剧外，还会带来一系列气候变化，它们也会对人类造成或有益或有害的影响，涉及人类社会的方方面面，从居住环境到衣食住行。

如 2021 年暑假，河南由于受台风“烟花”的影响，结合其特殊的地理位置，阻挡了大量来自太平洋的水汽，在河南集结成雨。且降雨强度大、时间长，出现了千年难遇的特大洪涝灾害。一个小时 200 毫米的降雨量，相当于倾倒了 150 个西湖的水，短时间整个郑州城区就成为一片泽国。高铁成了水帘洞，地铁成了蓄水池。2021 年美国西北部和加拿大西部上空的“热穹顶”导致多地气温飙升，美国西北部地区与加拿大多个城市连日打破最高气温纪录。罕见热浪让民众猝不及防。这些现象，属于全球变暖与气候变化加剧的气候灾害，危害了人们的生命财产安全。接下来让我们进一步了解气候变化与人类社会的故事。

一、气候变化概述

气候属于描述一个地区天气的词，是大气物理特征的长期平均状态，指该地区多年来的天气的综合状况，相当于天气的集合，具有一定的稳定性。主要组成部分为光照、气温和降水等，其中降水是描述气候最重要的元素。气候的成因是与整个地球相关的，气候与一个地区的地理环境，包括该地的海拔、与海洋的距离以及每年的水汽运动相关。以中国的气候为例，类型就有：热带季风气候、亚热带季风气候、温带季风气候、温带大陆性气候、高山高原气候等。

气候的变化，是指一个地方的气候发生了改变。由于地理因素基本不会发生巨大变动，其原因可能是自然规律，也可能是人类活动，或者是两者的共同作用。造成气候变化的根本原因就是“水、二氧化碳和能量循环”以及大气中的尘埃含量变化；造成气候变化的自然因素主要是生物或雷电引起的大型火灾（图 1–22），或者火山运动造成大气中的尘埃含量变化。剧烈的气候变化，可能会使小冰期来临。

图 1–22　森林火灾

当多因素同时发生时，大气中的尘埃量急剧上升，将太阳向地球辐射的能量几乎全部反射回外太空，紧接着就会迎来大冰期，以上是地球层面宏观的气候变化。工业化过程中的经济活动则是主要的人为因素。工业革命以来，特别是发达国家工业化过程的经济活动，使得化石能源快速消耗，进而大气中二氧化碳为主的温室气体增加，在使全球变暖的同时，会直接造成水汽循环的改变，这就导致了部分地区出现了局部的气候变化，比如暖冬现象。

二、气候变化有什么影响

自工业化以来，在经济发展的同时，气候也产生了巨大的变化，并且随着全球工业化水平的进一步推进，这一变化正在朝着更加严重的方向加剧。虽然靠牺牲环境的发展方式能为经济带来一定的增量，但从长远角度来看，用环境换取发展的思路确实是饮鸩止渴。这些年来，气候变化带来的影响可谓是越来越多地出现在大众视野中，比如 2021 年的美国与加拿大极端高温（图 1–23）、我国越来越频发的雪灾以及 2021 年我国云南的极度干旱与郑州千年一遇水灾，这些灾害威胁着人们的生命财产安全，同时也对地方的工

图 1-23　极度高温天气

业、农业带来不可挽回的经济损失，从大体上来讲，人类社会过度发展所带来的气候变化已经造成了巨大的灾难。

但是不得不承认，气候变化也不单单只带来危害，也会带来一定的有利因素，可能对于有的地区或者国家来说，其带来的好处可能比坏处更多。接着从以下方面介绍气候变化可能的有利影响：

气候变化使得地球上的水、二氧化碳、能量的循环加快，所有这些因素，更加有利于植物的生长，有利于农业的发展。森林面积扩大，草原也可能长出树木，并且全球范围内，树木的生长速度将加快。全球变暖将使全球热量上升，使得农作物的播种范围扩大，再加上空气中二氧化碳浓度增高，空气中的水汽增加，有利于降水。大气水汽增多，给内陆干旱地区带去了更多降水的机会，原本干旱的非洲的北部、亚洲的中部很有可能会变得湿润起来。沙漠面积将会缩小，戈壁滩上的植物种类将会逐渐增加，原本干旱的地区可能会变得更适合居住。气候变暖使作物生长更加高产，且适合农作物种植的区域不断增加，水分、温度条件都更适合农作物的生长，全球的粮食产量上升（图 1-24），能降低全球人类饥荒事件发生的可能性。

但气候变化更多的是带来危害，气候变暖在增加降水的同时，也由于其高温增加了水汽的增发量，再加上不稳定性的增加，很容易使某一个地区陷入洪涝或者干旱之中。洪水与旱灾发生的频率和强度都将会上升，将加重对耕地以及其他土地的侵蚀。随着全球变暖，冰川消融带来的海平面上升，浸没人类居住地的同时，也会淹没地势较低的耕地，同时掠夺了人们的住所与粮食。暴风雨、热浪、寒潮等极端天气事件也会更加频繁（图 1-25），这些灾害在危害人们生命财产安全的同时，还容易引起传染病的频繁传播。且高温并不适合人类生存，会导致体内热量难以排除，出现如中暑等症状。

举几个例子：西藏作为中国乃至亚洲地区重要的生态安全屏障。近年来，

图 1-24　机械化农业

图 1-25　台风天气云图示意图

随着全球气候变化及人类活动影响，西藏高原草原生态系统已遭到不同程度的破坏，草地退化导致西藏地区的草原生态失衡，也对西藏地区经济造成损失。人类活动也促使欧洲地区气候产生显著变化，现在的欧洲大陆基本上保持一致的干燥，但在只考虑降水变化的情况下，过去北欧的夏季更为湿润，而 21 世纪变得显著干燥。且在工业化前，气候中构成极端干燥条件的因素很少见，而现在变得很常见。

三、怎么应对气候变化

气候变化已经成为既定事实，我们应该注重人类活动对气候的影响，并且减少气候变化对人类影响的强度。在获取气候变化对人类社会有利影响的同时，尽量减小其带来的危害。

适应气候变化，主要是在生产、生活上适应，针对气候已经变化以及未来可能进一步的变化，采取相应的应对措施。

在农业上，充分考虑气候变化造成的水循环加速、二氧化碳浓度增加、全球变暖冬季温度上升等因素，调整农作物的种植结构和作物布局，研究播种以及收获时机，并且发展育种技术（图 1–26），使当前的农作物对气候变化的适应性更强，或者开发更加高产，更加适合气候变化后种植的农作物，以保障并且提高粮食产量。

在林业上，树种与气候有着十分密切的关系，树种的分布与气候是相互适应的。随着气候的变化，树种与种植区域可能也会随之发生变化。如林场、城市绿化种植的树种，需要进行重新评估，一些高大的树木（图 1–27），原本在内地不会有恶劣天气的风险，现气候变化之后，可能会出现风暴等极端天气，使树木倒塌、枝条坠落等风险。森林火灾是森林的最大威胁之一，而火灾的发生和蔓延，与气候条件、种植情况、树木种类都有直接决定性的关系，要着手考虑气候变化后，如高温干旱的气候对森林火灾风险的影响，并且从树木种类、种植地区、种植方式、收获时间点上进行研究，以减少这类森林火灾风险。树木的病虫害具有季节性和区域性，这也与气候关联紧密。并且病虫害与树种、树龄、种植方式、排列密度等直接关联，也要考虑气候变化后，如何减少病虫害相关工作。

沿海城市借助运输优势，在全球化的今天普遍得到了较好的发展，但气候变化使其更容易遭受灾害影响，比如海平面上升对其城市淹没的风险（图 1–28），台风、海啸对城市的威胁。

图 1–26　粮食作物干旱枯萎

图 1-27　高大乔木

图 1-28　被海水淹没的威尼斯

立足于此类实际问题，滨海城市应该强化城市规划管控，对高风险区域的规划应该减少工业、居住类产业布局；控制空间发展方向，促进城市基础建设向海拔较高区域靠拢；优化城市空间布局，预留足够的泄洪设施与防灾设施；提高规划设计标准，使城市更加适应恶劣天气，保证建筑安全性；加强海岸防护设施，建设防波堤坝等设施，减少巨浪对城市的冲击损害；夯实城市基础设施和提升监测预警应急，充分做好防灾预案。

第四节　人类活动、经济发展和全球化与碳排放关系

人类活动与碳排放之间关系的转折点，可以依据历次工业革命划分为：

一、人类工业革命与碳排放关系

1. 工业革命前的手工业时代

早在工业革命开始之前，人类处在刀耕火种与小手工业的时代，人类活动就已经开始对气候变化产生影响了。在工业革命之前，人类活动对碳排放的影响比较轻微，二氧化碳排放主要来自森林砍伐，且砍伐后的主要用途是作为燃料，少部分作为建筑以及手工业材料（图 1–29）。作为燃料的那部分便是二氧化碳排放的主要来源，这些排放占当时全球暖化效应的 9%。在手工业时代，人类对二氧化碳浓度的影响十分有限，因为利用的都是树木以及生长在地表的植物，并且还会考虑到可持续发展，在砍伐的同时，也在一定程度上进行种植，因此总体碳排放并不高。

2. 第一次工业革命

18 世纪 60 年代到 19 世纪中期，随着瓦特发明蒸汽机，人类开始进入蒸汽时代。蒸汽机的发明，促进了工业化发展，煤炭开始被大量使用（图 1–30）。这一类化石能源，产生了大气的一大部分碳源。原本埋藏在地表之下，且不会广泛参与大气碳循环中的煤炭，被快速消耗，导致了碳排放量的快速增加。

图 1–29　秸秆焚烧

图 1-30　蒸汽机车

3. 第二次工业革命

19 世纪下半叶到 20 世纪初，随着交流电的应用，人类开始进入电气时代，并且一直处在发展过程之中。电气时代，人类对化石能源的利用效率比蒸汽时代要高很多，但被电气时代影响的人群数量不断增加，且电气化改造程度不断增加，每个人对能源的需求量在上升，这样一来，化石能源的消耗出现了井喷式增长，巨量的碳排放（图 1-31），直接造成了大气中二氧化碳浓度飙升。

图 1-31　燃煤电厂排放大量温室气体

4. 第三次工业革命

以生物技术、计算机、核能、新材料、航天为代表的第三次工业革命，为 20 世纪以来的主流发展方向。继承第二次工业革命人类的电气化改造，迈入电气化的人群数量持续增加，且每个人对能源的需求量还在上升，继续增加了全球碳排放。但在这个时代中，人们开始意识到了碳排放的危害性，并且开始采取手段遏制碳排放，相关的新能源取代化石能源方案的研究也开始起步（图 1–32）。

图 1–32　信息化电厂控制室

5. 第四次工业革命

21 世纪发起的全新科学技术，是利用信息化技术促进产业变革的时代，也就是智能化时代。虽然所有经济体仍在继续使用化石能源，但随着新能源技术的不断突破、落地，风能和太阳能、天然气和核电的强劲增长，逐渐降低了化石能源在人类日常生活中使用的占比，进而达成了全球碳排放的有效控制，使全球二氧化碳排放量出现下降（图 1–33）。

2019 年全球碳排放量出现了近期首次“停滞”。当年全球经济增长近 3%，但与能源相关的二氧化碳排放量几乎与 2018 年持平，约为 330 亿吨。发达经济体排放量的大幅下降抵消了其他国家和地区的增长（图 1–34）。

随着信息化、互联化、智能化技术的不断发展与进步以及技术之间的深度融合，已经可以对能源领域进行统筹规划，能源互联网便是这样诞生。其能对所有上网的多种能源进行协调优化，依次统筹能源分配，提高了能源利用效率。

图 1-33　智能电厂

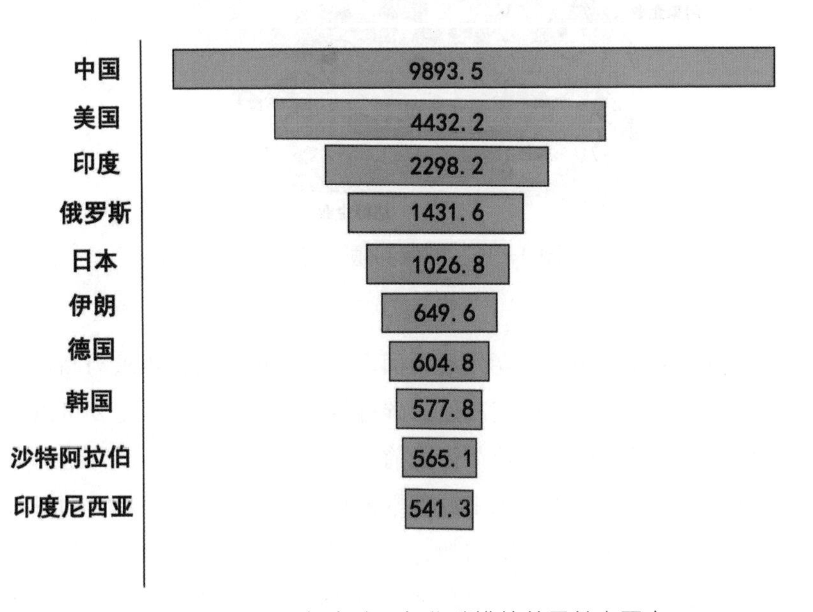

图 1-34　2020 年全球二氧化碳排放总量前十国家

总结工业革命以来人类活动对碳排放的影响：随着人类技术水平与生活水平的提高，以二氧化碳为主的温室气体排放量快速提高。但随着技术的进一步发展，人类已经能够开始利用技术手段，减少碳排放量，逐渐达成可持续发展目标。

二、经济发展与碳排放关系

工业化是促进经济发展的最重要进程，而能源是工业化的最基本需求，因此能源的供给很大程度上与经济的发展正相关。作为当今世界最重要能源之一的化石能源，也就与经济发展有着强烈正相关，可以说，碳排放既是环境问题，又是经济发展问题。我们不可能仅仅为了环保而禁止整个人类进程的发展。简单粗暴地一刀切（图 1-35），禁止使用化石能源不可取，因此，重要的是获得替代能源，并逐步使化石能源退出历史舞台，才是最合理的选择。

图 1-35　环保问题一刀切漫画

对任何一个发达国家或者发展中国家而言，能源的高需求与高增长，往往代表着本国经济发展的稳定高速。碳排放与经济发展关系主要可以分为两个时间段，一个是第四次工业革命之前，一个是第四次工业革命之后。在第四次工业革命之前，由于能源来源基本依赖化石能源，因此经济的每一点发展，都意味着化石能源消耗的增加，也就直接导致了碳排放的增长。在第四次工业革命之后，随着非化石能源类的新能源技术的成熟，经济发展所需要的能源供应中，化石能源占比也开始出现下降的趋势，这就意味着经济的发展逐渐与碳排放脱钩（图 1-36）。

化石能源的消耗作为历史进程之一（图 1-37），并不能简单将其否定。当下重要的是科技发展的速度，能否追赶上碳排放的速度。碳排放对人类的影响是历史累积的结果，历史累计排放量则反映了一个国家在全球碳排放中所造成的影响，相应地也应该承担等额的碳减排责任。我们无权让那些未发

图 1-36　工厂使用化石燃料

图 1-37　石油开采

展的、贫困落后的国家来一起承担当下的碳排放责任；发展中国家的首要任务是促进经济与社会的发展，在适当使用化石能源的同时，承担一部分减少碳排放的责任，并且这一过程随着经济发展程度的提升而逐渐增加；而经济发达国家由于历史排放的原因，按照公平的原则，应该在二氧化碳减排中承担相应的责任。特别是人均二氧化碳历史累积排放量，才是一个国家应该承担多少责任的重要衡量指标，换句话说经济发达国家应该为自己的历史排放进行减排。

三、全球化与碳排放关系

全球化是人类社会发展的现象，20 世纪 90 年代后，全球的经济、技术交易、人员交往急剧增大。全球化有以下四个巨大优势：（1）优化配置和合理利用。（2）促进和提高国际分工的发展和竞争力。（3）促进经济结构的合理优化。（4）促进世界经济多极化的发展。可以说，全球化是地球尺度范围内的流水线工厂，大家进行分工合作，各司其职，是全球经济腾飞的重要因素。仅 2000—2019 年，全球实际 GDP 增长了 70%。期间中国的实际 GDP 增长了 4.2 倍，成为对世界经济增长贡献最大的国家。美国增长率不算高，这期间实际 GDP 只增长了 50%，低于全球平均水平。

高经济增长对应着高碳排放，碳排放量世界排行榜前 12 个国家是：中国、美国、印度、俄罗斯、日本、德国、韩国、伊朗、加拿大、沙特阿拉伯、墨西哥和英国。无一例外，都是工业极度发达的国家，也意味着大量的化石能源消耗，转变成了碳排放，加剧了全球气候变化。

更严峻的是增长速度，如今 10 年的碳排放量，可能是 20 世纪 100 年碳排放量的总和（图 1-38）。这就是为什么我们亟须找到一种方法，能够迅速地停止这一增长趋势。新能源技术可以说是唯一正确的道路。并且各个享受工业化福利的大国，也该主动出钱、出技术，加速新能源技术的发展，以帮助全世界摆脱化石能源引起的过量碳排放这把达摩克利斯之剑。

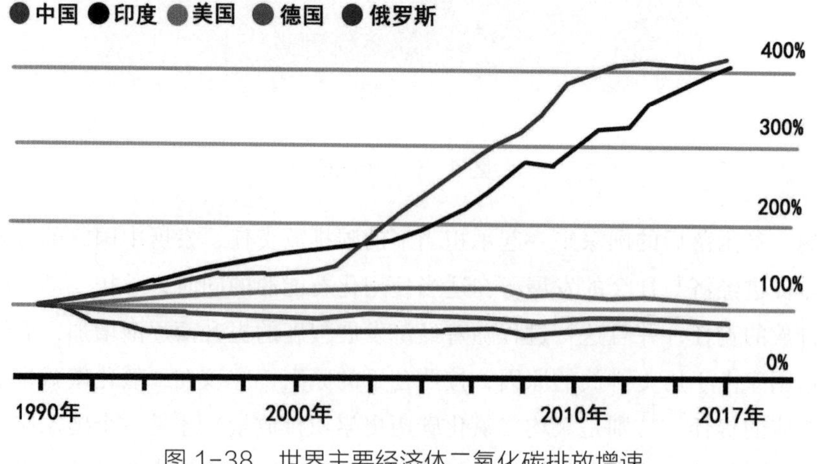

图 1-38　世界主要经济体二氧化碳排放增速

第五节 国际和国内“碳达峰”和“碳中和”行动

一、国际社会对“双碳”目标的行动计划

“碳达峰”和“碳中和”是世界各国负有的共同责任，应对气候变化和维护地球环境的良好发展需要国际社会的共同努力。自 1968 年欧洲议会理事会制定了第一个关于大气保护的国际法规则以来，气候变化已渐渐得到全世界的关注，众多有关气候变化的国际法相继出台，例如 1979 年联合国欧洲经济委员会制定的《长程跨界空气污染公约》，1972 年的《联合国人类环境会议宣言》，1985 年的《保护臭氧层维也纳公约》，1990 年和 1991 年调整和修正的《关于消耗臭氧层物质的蒙特利尔议定书》（1987 年制定），1990 年的《第二次世界气候大会部长宣言》，1992 年的《联合国气候变化框架公约》，1997 年的《京都议定书》和 2015 年的《巴黎协定》。距今最近的两部有关气候变化的国际法是《京都议定书》和《巴黎协定》（图 1-39 为《巴黎协定》2016 年高级别签署仪式），它们对于应对全球气候变化和实现“双碳”目标具有里程碑的意义。

图 1-39 《巴黎协定》2016 年高级别签署仪式（资料来源：新华社）

《京都议定书》对各个国家的碳排放提出了要求。在《京都议定书》的大背景下，碳排放权和碳交易市场也应运而生，碳排放权通过政府的宏观手段整体调控和把握碳中和的方向，限制碳排放。如果将碳排放权视作一种商品并进行买卖，就出现了碳交易。碳排放权和碳交易的出现有效地提高了实现碳减排目标的效率，该部分将在第五章作具体介绍。

《京都议定书》之后的《巴黎协定》提出了将全球温升控制在 2℃以内，并努力将温升控制在 1.5℃以内的目标。具体来说，是到 2100 年时，与工业化之前的 1850 年相比，温升幅度控制在 2℃以内，并在此基础上向 1.5℃的目标努力。《巴黎协定》签署两周年后，“同一个地球”峰会在法国巴黎召开，在峰会上，29 个国家签署了《碳中和联盟声明》并做出承诺：到 21 世纪中叶实现零碳排放。2019 年 9 月 23 日，联合国气候行动峰会在纽约联合国总部召开，会上，66 个国家组成气候雄心联盟，对碳中和目标做出了承诺。截至 2020 年 6 月 12 日，全世界共有 125 个国家承诺在 21 世纪中叶前实现碳中和的目标。

图 1-40 中的时间线展示了国际社会为应对气候变化所采取的主要行动和签署的主要文件。

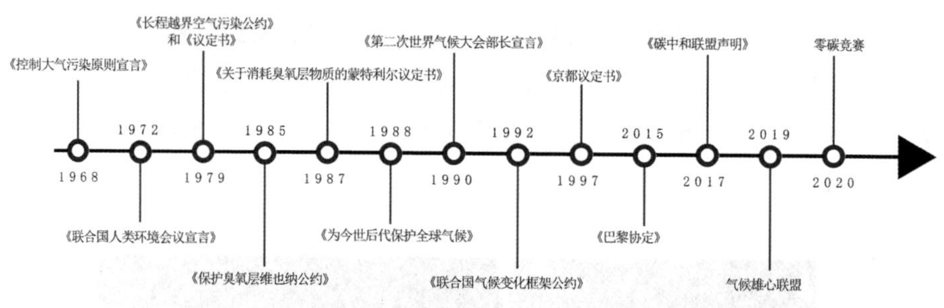

图 1-40　国际社会应对气候变化的主要行动和文件

图 1-41 为多个国家的历史碳排放量变化情况，可以看出在 21 世纪之前，中国的碳排放量小于美国和欧盟，但是中国的碳排放在进入 21 世纪后出现快速增长并迅速超过了欧盟和美国。根据碳排放趋势和预测，中国将在 2030 年实现碳达峰，而欧盟已经在 20 世纪末实现碳达峰，美国和日本也已经在 21 世纪初做到碳达峰。根据我国的碳中和计划，在 2030 年碳达峰之后，碳排放量将逐渐下降直至 2060 年实现碳中和。总体来说，我国的“双碳”目标时间紧任务重。

下面将介绍我国和其他一些国家针对“碳达峰”和“碳中和”所采取的行动。

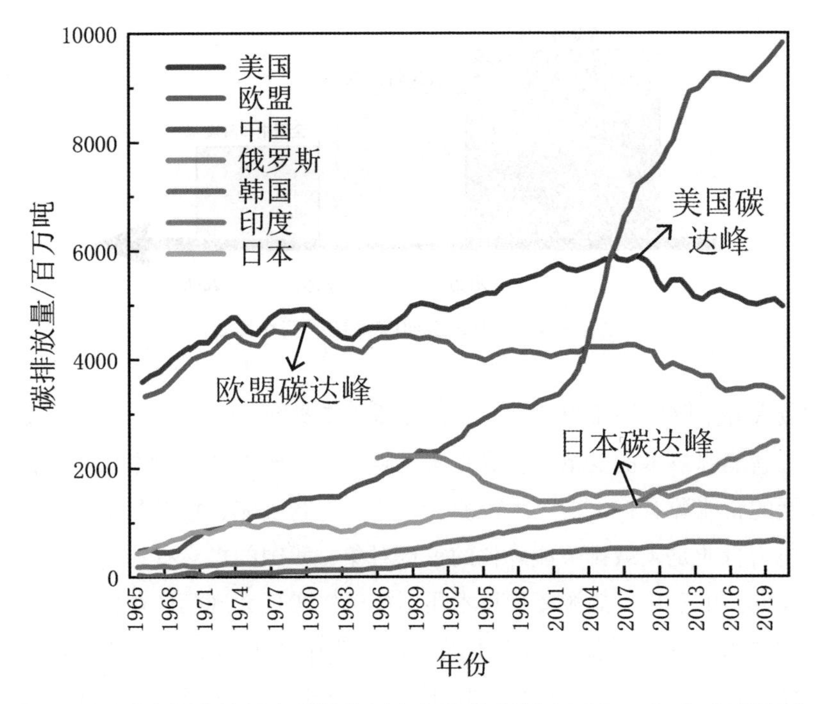

图 1-41　多个国家的历史碳排放量变化情况（资料来源：wind，HGFR）

二、中国的碳中和行动

2020 年 9 月 22 日，习近平主席在第七十五届联合国大会一般性辩论上发表重要讲话，提出了我国的“双碳”目标：二氧化碳排放力争于 2030 年前达到峰值，努力争取 2060 年前实现碳中和。

中国始终致力于保护生态，促进世界和平发展。碳达峰碳中和目标的提出，彰显了我国构建人类命运共同体的大国责任与担当，为我国发展提供了新的动力引擎。

我国实现碳中和总体可按照尽早达峰、快速减排、全面中和三个阶段有序实施。尽早达峰阶段（2030 年前）：以化石能源总量控制为核心，能够实现 2028 年左右全社会碳达峰，峰值控制在 109 亿吨左右；快速减排阶段（2030—2050 年）：以全面建成中国能源互联网为关键，2050 年前电力系统实现近零排放；全面中和阶段（2050—2060 年）：以深度脱碳和碳捕集、增加林业碳汇为重点，能源和电力生产进入负碳阶段。图 1-42 的时间线展示了我国实现碳中和的三个阶段的时间节点。

我国实现碳中和的路径主要从传统能源的节能降耗、能源结构变革、研究和推广碳捕集利用与封存技术（CCUS）三方面展开。节能是实现二氧化

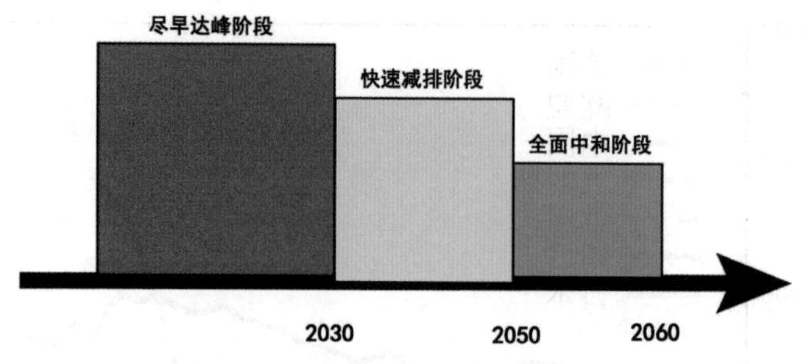

图 1-42　我国实现碳中和的三个阶段

碳排放大幅下降的最主要途径，我国的重点节能领域为工业、建筑、交通、农业。新能源技术的变革性发展是实现碳达峰、碳中和的根本保障，我国主要发展的新能源有：水能、太阳能、风能、生物质能、核能和氢能。

电力行业是碳减排节能降耗的重点对象，我国的煤炭有约一半都用在了燃烧发电。由于化石能源替代技术还不能很快实现大规模产业化，因此目前我国的电力行业通过推广和应用煤气化联合循环（IGCC）、洁净煤技术、热电联产技术等（图 1-43 便向我们展示了热电联产系统）来实现发电侧的节能降耗。石油化工方面，通过改进技术和设备对燃料油、乙烯、合成氨和烧碱的生产过程进行优化，降低能耗。在钢铁冶金方面，通过生产工艺创新等手段力求生产过程的精确化控制，同时淘汰落后产能，提高产业集中度。

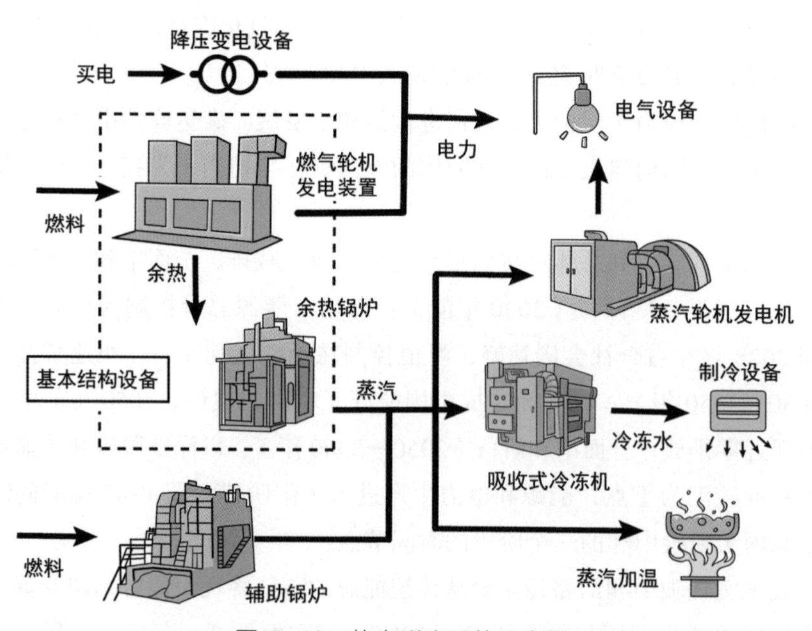

图 1-43　热电联产系统示意图

交通与我们的生活息息相关。在交通方面，主要在于加强节能型交通体系的建设，具体措施包括大力推广燃油添加剂和节油器的使用，推广智能交通，推行公交优先等。建筑建材行业的节能减排措施主要是生产工艺和技术的改进，涉及水泥、平板玻璃、陶瓷、墙体材料等方面。农业的节能减排则从高效节能种植、农机节能、秸秆能源化、绿色健康养殖四个角度出发，在具体模式和技术上进行节能创新。

在能源结构变革上，我国大力发展可再生能源，风光发电是我国电力规划中的重点发展对象，预计到 2030 年，风电和太阳能发电的总装机容量将达到 12 亿千瓦以上，较 2019 年增长近 8 亿千瓦。图 1-44 所示为青藏高原上的太阳能发电站，它们吸收太阳能，源源不断生产电力。此外，氢能和生物质能也是我们重点发展的可再生能源。

图 1-44　青藏高原上的太阳能发电站

在碳捕集、利用与封存（CCUS）方面，我国十分重视 CCUS 的发展，自 2006 年以来，国家持续给予 CCUS 研发投入，在基础研究、自由探索、技术开发、工程示范等多个阶段提供资金支持，覆盖了包括捕集、运输、利用和封存的全流程技术链条，目前已经拥有专业的 CCUS 科研团队。2015 年，国家发展和改革委员会气候变化司制定了中国 CCUS 示范和部署路线图，2011 年科技部社会发展科技司和中国 21 世纪议程管理中心发布《中国碳捕集、利用与封存 (CCUS) 技术发展路线图研究》。

在各行各业的努力下，我们国家正在将“零碳行动”落实到每一个我们看得见的地方，真正地践行“双碳”目标。例如，在2022年北京冬奥会上，就有众多的零碳元素，来自张北的绿色电力、新能源驱动的车辆、轻量化的材料、燃烧氢能的火炬……这些元素不仅向世界展示了中国的绿色发展进程，更向世界彰显了中国实现“双碳”目标的强大实力。本届冬奥会是首届“零碳”冬奥，第一方面体现在绿色电力供应上，第二方面体现在占比超过85%的新能源服务车辆，第三方面则体现在场馆建设中绿色低碳的设计方式。

冬奥会的电力供应很大一部分来自风电和光伏发电，张北拥有全世界第一个柔性直流电网，可以对风电、光伏发电、水电实现精准控制，借助丰宁抽水蓄能电站这个“超级充电宝”，调节风电、光电和水电，对冬奥用电设施稳定供电。

在交通方面，氢能车辆的使用也吸引了世界的目光。不同于普通汽车会向环境排放有污染又危害健康的尾气，氢能车辆只排放水，是名副其实的绿色车辆，也被称作“终极环保车”。在北京冬奥会中，一共有816辆氢燃料电池汽车投入使用，开展示范运营服务，在国际赛事盛会中，如此大的规模可谓史无前例。 在此次冬奥会中，出现了包括宇通等品牌在内的氢燃料电池系统车辆共计1 025辆，表1–1列出了具体车型。可以预见，在不久的将来，中国将会在氢能和氢能汽车的应用上实现更大的突破。

表1–1 北京冬奥会氢燃料电池系统车型一览

品牌	车型	适配系统	数量/辆
丰田汽车	Mirai II	丰田燃料电池系统	140
	柯斯达氢擎	丰田燃料电池系统	105
福田汽车	BJ6122	亿华通氢燃料电池	465
	BJ6123等	氢腾燃料电池系统	50
宇通客车	ZK6126	氢腾燃料电池系统	100
		亿华通氢燃料电池	85
吉利星际客车	C12F	亿华通氢燃料电池	80
	总计		1 025

2022年2月20日，北京冬奥会顺利闭幕，这不仅是一次运动盛会的成功举办，也体现了我国强大的节能减排实力。当然，在华夏大地上，冬奥会所体现出的碳减排仅仅是小试牛刀，在一系列政策和措施的作用下，我国当前落实“碳达峰”和“碳中和”的状况良好，目前电力、交通、农业、工业等领域都在积极推进碳减排的进程。当然，在实现“双碳”目标的过程中，会有诸多的挑战，也会有新的机遇，笔者将在下一节介绍。

三、美国的碳中和行动

美国是一个碳排放大国，早在 1990 年，美国的二氧化碳排放量就达到了 48.794 亿吨，2010 年这一数字达到了 54.95 亿吨，20 年间碳排放量增长了 12.62%。2010 年以后，除了 2020 年外，美国的碳排放量均在 50 亿吨以上，以 2019 年为例，美国该年的碳排放量为 50.294 亿吨，占世界碳排放总量的 14.64%。美国的碳排放形势并不乐观，然而一直以来，美国在实行碳减排上并不积极，其在应对气候变化上的态度也一度引起争议。

2001 年 3 月 28 日，小布什总统宣布退出《京都议定书》，在他看来，《京都议定书》所要求的美国的减排任务过重，为此需花费巨大的经济代价，在这种情况下，美国退出《京都议定书》。美国的退出给国际社会碳减排带来了很大的影响，直接影响就是少了一个实行碳减排行动的国家，而美国本来承担着重要的碳减排义务，它的退出将使全球其他国家的努力大打折扣。此外，美国的退出还将影响它的节能减排技术的科技创新，同时它的缺乏责任感的行为也有可能削减其他国家履行《京都议定书》的积极性。

2017 年 6 月，相同的剧情再次上演，时任美国总统特朗普宣布退出《巴黎协定》。不仅如此，特朗普政府还终止给予绿色气候基金的财政援助，拒绝履行承诺向发展中国家提供资金和技术支持，停止向“全球气候变化倡议”(GCCI) 和绿色气候基金 (GCF) 提供援助，对此国际社会一片谴责和批评。特朗普政府在全球气候变化治理中的表现乏善可陈，甚至造成了负面冲击，对全球应对气候变化带来了严重的阻碍。

拜登上台之后宣布美国重返《巴黎协定》（图 1-45 为美国新总统拜登宣誓就职，在白宫签署一系列行政命令），并把应对气候变化纳入国家战略

图 1-45　拜登在白宫签署一系列行政命令

考虑的优先事务。拜登政府提出了诸多举措以应对二氧化碳减排的艰巨任务。首先是在竞选初期提出的清洁能源革命和环境正义计划，该计划的目标是在2035年实现无碳、无污染发电以及2050年实现“净零排放”。根据拜登政府的气候治理方案，美国将从清洁能源产业、智能基础设施、汽车、公共土地管理等几个方面出发，全面治理，最后回到经济政策，促进环境和经济的共同发展。

为实现碳中和的目标，拜登政府投入大量资金用于清洁能源的研究和创新，积极开展奥巴马时期提出的“使命创新计划”，和其他20多个参与国一起共同寻求清洁能源技术的突破和创新。此外，美国在基础设施的建设方面做出新的要求，400万个商业办公室、仓库和公共建筑需按要求进行能源更新，提高房屋的能源利用效率以提升对恶劣天气的抵御能力，并且还出台了相关法规，规定所有商业建筑到2030年实现净零排放。美国还将采用政策性工具加大清洁能源的生产，通过保护生物多样性和公共土地保护生态环境，通过重新加入绿色气候基金等行动兑现气候融资承诺。

重返《巴黎协定》后，美国逐渐加大二氧化碳减排的步伐，力争实现2050年“净零排放”的目标。

四、英国的碳中和行动

英国是第一个通过立法的形式，明确2050年实现零碳排放目标的发达国家。在2019年6月，英国新修订的《气候变化法案》生效，由此正式确立了英国到2050年实现碳中和的目标。

在政策方面，英国首先是在2002年3月建立起碳排放交易体系，根据该交易体系，任何在20 MW以上的机组都必须启动节能环保系统。其次，英国制定了“政府投资，企业运作”的模式来推动低碳经济。最后，英国在财政和税收方面制定了良好的政策，以高达80%的免税比例来激励企业实现低碳排放，提供高额的财政奖励和资本津贴为采购环保设备的一系列活动减免税收。

在1970—2020年的50年时间里，英国能源消费总量呈现先增加达到峰值，而后逐渐下降的趋势。这其中，煤炭和石油的消费量在不断减少，天然气消费量逐渐增加并占据主导地位，图1-46为英国斯伯丁30万千瓦OCGT（具有黑启动功能的开式循环燃气机组）项目，这是英国大力发展天然气的一个典型代表，英国采用天然气替代煤炭的能源转型战略使得二氧化碳的排放显著下降。

除此之外，英国还在农业和交通等方面做出改变。农业方面积极推动低

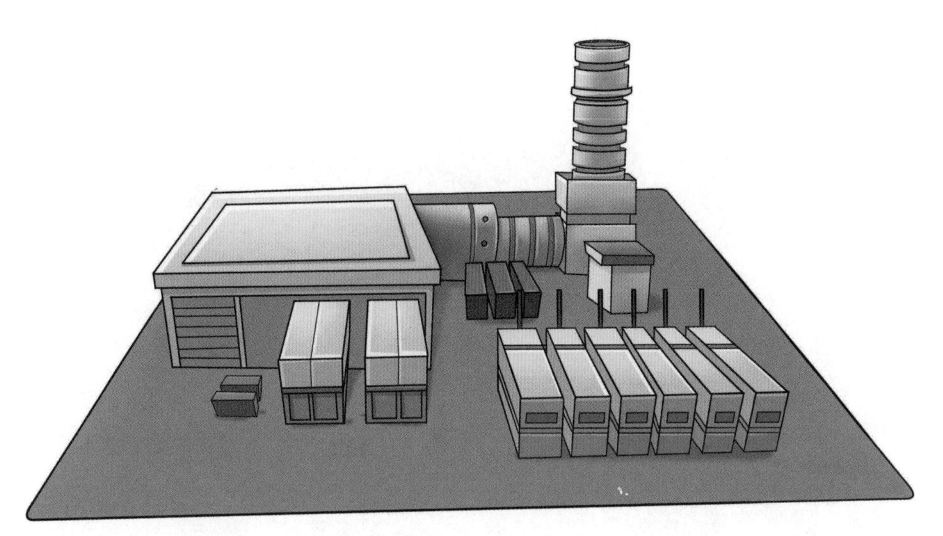

图 1-46　英国斯伯丁 30 万千瓦 OCGT（具有黑启动功能的开式循环燃气机组）项目顺利投产

碳农业的生产技术，种植树木，保护和修复土壤，增加可再生能源和生物能源的使用。交通方面采取立法、加快产业升级、增加低碳燃料的使用、加快电动车的研究和建设、提供消费补贴等措施，力争实现交通零排放的目标，到了 2050 年，英国计划实现家用车和小型客货车的零碳排放。可以说，英国在实现“双碳”目标的路上取得了显著成效。

五、北欧的碳中和行动

北欧五国（丹麦、芬兰、冰岛、挪威和瑞典）纷纷以不同的形式承诺了在 2050 年前实现碳中和的目标。为实现碳中和，北欧的目标是：到 2050 年温室气体排放相比 1990 年减少 80%，相比 2013 年减少 60%。北欧五国对交通、电力、工业、建筑等领域出台了专项行动方案，以瑞典为例，瑞典针对电力领域颁布了化石燃料清零计划，针对工业领域颁布了工业跃升计划。

在电力方面，北欧将大幅度提高可再生能源的占比，虽然太阳能和水电受到当地条件的限制，无法大力发展，但是北欧的风力发电有着巨大的潜力。北欧将把风电作为可再生能源发电的重要模块，预计到 2050 年，风电将占其电力生产的 30%，而这一比例在丹麦预计将达到 70% 以上。丹麦在可再生能源发电领域做出了有效的举措，在过去的 30 年里，丹麦的可再生能源发电比重迅速升高，碳排放的增长得到了有效的抑制。在未来，丹麦还将继续大力发展光伏和海上风电（如图 1-47 所示），有望建成世界上第一个海上可再生能源中心。交通方面，根据北欧的碳中和目标，2050 年交通部门

图 1-47　丹麦海上风电项目

的碳排放要在 1990 年的基础上减少 80%。城市短途交通将大力推进电气化交通工具的使用，而长途运输则提出把生物燃油在交通燃料中的占比提高。

目前，工业部门的碳排放量占比较大，贡献了北欧约 28% 的二氧化碳排放量。芬兰、冰岛、挪威和瑞典对钢铁、水泥等能源密集型工业的依赖比较高，因此，在工业方面要实现碳中和有着不小的难度。瑞典的措施是提高能源效率和发展绿色能源，经过不懈的努力，能耗强度得到改善，能源利用效率得到提升，瑞典的工业部门碳排放明显减少。为了支持工艺和技术的发展，使工业部门的碳排放降低，瑞典还制定了工业跃升计划，该计划在 2018 年启动，一直持续到 2040 年，该计划将大力支持低碳技术（例如生物能源碳捕集和封存）的研究。

六、德国的碳中和行动

德国于 2019 年 11 月通过了《气候保护法》，正式确定了德国的温室气体减排目标：在 2030 年实现温室气体排放总量较 1990 年至少减少 55%，2050 年实现碳中和目标。德国一方面提出了退煤规划，计划在 2022 年关闭 1/4 的煤电厂，到了 2038 年全面退出燃煤发电。另一方面，德国重视新能源的发展，德国计划到 2030 年可再生能源发电量占比达到 65%，到 2050 年达到 80%。

为了实现“双碳”目标，德国从住房、工业、运输等多个方面制定了详细的计划。首先，从 2021 年起，德国将逐渐提高碳定价，这一措施将迫使德国的供暖和运输部门不得不想办法减少碳排放。此外，德国联邦政府将火车票的增值税永久性地大幅度下调，同时调高了航班的增值税，以此来鼓励人们更多地乘坐火车出行。在其他交通工具方面，德国大力建设充电站（预计 2030 年建设 100 万个充电站），对购买电动汽车的消费者给予最高 6 000 欧元的补贴；加大资金投入完成公交电动化的更替，目前德国已经推出了无人驾驶电动公交（图 1–48），这些交通减排措施将有效减少碳排放。

图 1-48　德国推出无人驾驶电动公交，解决最后一千米服务

七、日本的碳中和行动

日本是一个资源相对来说比较匮乏的国家，森林覆盖率较高，国土面积较小，煤炭和石油等资源高度依赖进口，鉴于能源紧缺的形势，日本采取的低碳经济战略是“最优生产、最优消费、最少废弃”。自 2002 年起，日本就颁布了一系列政策法规推动节能减排，根据《京都议定书》的要求，日本的减排目标是较 1990 年相比减少 6%，然而，日本的碳排放不减反增。为了变革产业结构和社会经济，推动日本的绿色健康发展，2020 年 10 月，日本提出了它们的碳中和目标：到 2050 年实现碳中和。

根据日本经济产业省发布的《绿色增长战略》，日本将把海洋风力发电、核能、氢能、碳回收、氨燃料等产业作为重点发展领域。氢能方面，日本制定了领先于全球的《氢能基本战略》。日本将继续引入氢能发电、研发氢能炼铁技术、推动氢能制备技术的研究和应用等，全面加强氢能的发展。汽车与蓄电池方面，日本将对电动汽车产业建立领先世界的产业供应链，日本希望最迟到 2030 年中期能 100% 实现电动汽车。一方面，日本将变革汽车的使用方式，大力推动用户对电动汽车的使用，提供可靠且可持续的移动服务；

另一方面，日本将加大对燃料技术的研究，致力于实现燃料碳中和；此外，日本决定对蓄电池产业进行大力发展，提升相关工艺水平和材料性能，为碳中和助力。海洋风力发电方面，日本将努力创造国内市场，制定明确的目标：到 2030 年，海洋风力发电量达到 1 000 万千瓦，到 2040 年海洋风力发电量达到 3 000 万 ~ 4 500 万千瓦（含浮动式海洋风力发电）。为了使海洋风力发电助力碳中和，日本将促进投资，开发新技术，促进企业间合作，逐步让海洋风力发电得到发展。图 1–49 为位于日本青森县的风力发电设施，青森县被内湾环抱，三面临海，是发展风电的绝佳位置。

图 1-49　位于日本青森县的风力发电设施

八、实现“双碳”目标，众多国家和地区在行动

总体而言，国际社会一直在为实现“双碳”目标而不懈努力，众多国家和地区在能源转型、交通、工业、农业等方面均有相应的政策和措施，除了以上提到的中国、美国、英国、丹麦、芬兰、冰岛、挪威、瑞典、德国、日本等国家，其他国家和地区比如法国、加拿大、新西兰、匈牙利、韩国、西班牙、智利、斐济、奥地利、瑞士、爱尔兰、南非、葡萄牙、哥斯达黎加、斯洛文尼亚、马绍尔群岛、墨西哥、意大利、阿根廷、秘鲁等也在致力于实现“21 世纪中叶碳中和”的目标，它们中有的已经立法，有的则是形成法律草案，有的将其纳入政策文件，有的则正在讨论中。

第六节 “碳达峰”和“碳中和”的挑战和新机遇

经过了多年的发展，我国可以为“碳达峰”和“碳中和”提供足够的经济支撑和技术支撑，尤其是过去十余年间，我国为节能减排和应对气候变化做了出色的工作并取得卓著成效，由此积累了宝贵的经验。在面对“双碳”目标时，新的机遇不断涌现，同时也有许多难题和困难需要去解决，接下来将分别介绍“碳达峰”和“碳中和”的挑战和新机遇。

一、“碳达峰”和“碳中和”面临的挑战

首先，能源结构高碳。我国能源消费结构仍以化石能源为主，从图 1-50 可以看出，从 2015 年到 2019 年，尽管化石能源占比在下降，但是占比仍高达 92.2% 左右。而在 2019 年我国的一次能源消费结构中，煤炭占 57%（如图 1-51 所示）。

由于我国消费结构仍以化石能源为主，煤炭占比较大，因此弱化化石能源的比例并不是一件轻松的任务。在我国的煤炭消费结构中，约一半以上被电力消耗，其次是钢铁（如图 1-52 所示），而在我国的电力结构中，煤电占据了大部分。为了降低煤电带来的巨大碳排放，一方面逐渐减少煤电占比，另一方面大力发展风光发电。然而风光发电仍面临许多挑战，比如波动性、不稳定性、弃风弃光等。

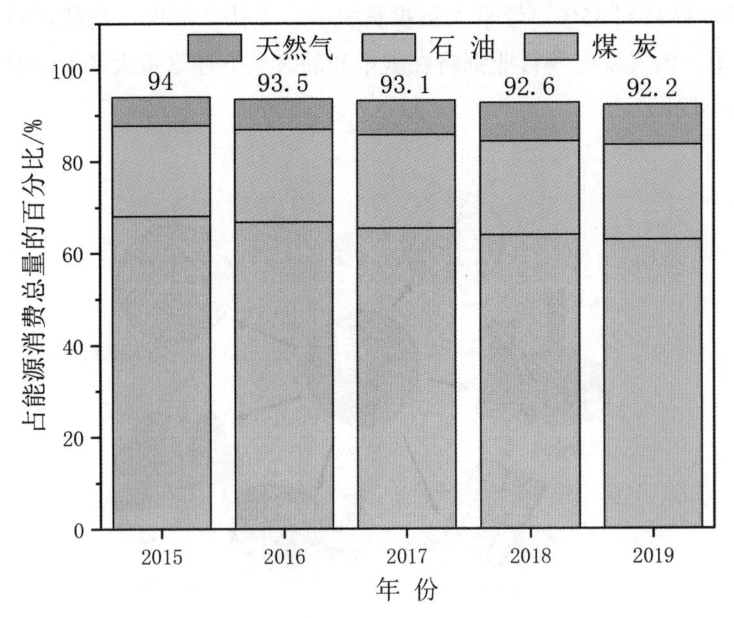

图 1-50 2015—2019 中国化石能源消费结构变化

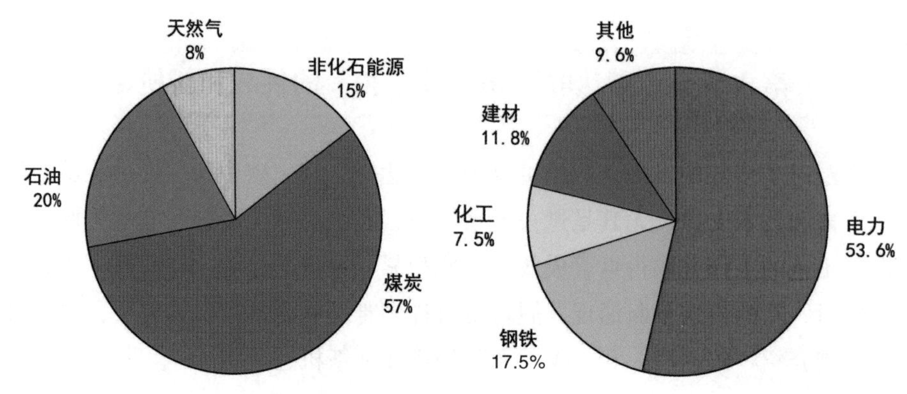

图 1-51　我国一次能源消费结构（2019）　　图 1-52　我国煤炭消费结构

其次，碳排放总量大也是我国面临的重大挑战之一。我国目前还处于工业化发展阶段，能源消耗量和碳排放量都处于“双上升”的阶段，我国碳排放总量大且仍在增长中。

最后，我国的碳中和时间短。欧盟、美国从碳达峰到碳中和分别用了 71、43 年时间，而我国从碳达峰到碳中和仅有 30 年时间。中国需要在更短的时间内实现碳中和，是一个巨大的挑战。

二、“碳达峰”和“碳中和”带来的新机遇

绿色发展和能源转型升级。在碳中和目标下，我国可再生能源比例将从目前 15% 提高到 85%，带来大量投资机会。光伏、风电、新能源汽车、生物质利用、沼气发电等行业都将在碳中和的背景下迎来重大的发展良机（如图 1-53 所示）。

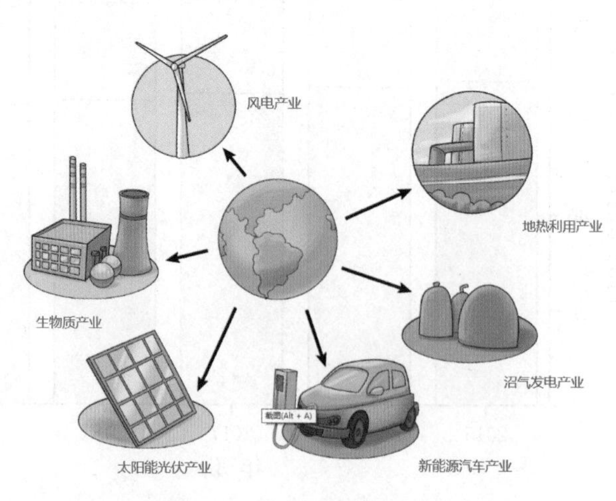

图 1-53　碳中和目标下给诸多行业带来机遇

在“双碳”的背景下，我国的新能源装备出口将迎来良机。我国光伏、风能等产业规模现居世界第一，具有产业链优势，在“双碳”的背景下新能源装备的出口将被大大促进。当然，新能源装备的发展只是冰山一角，事实上碳中和发展涉及新能源技术、绿色生产技术、绿色建筑、智慧交通等一系列战略新兴产业，每年新增产值达万亿级，可推动 GDP 增长 2% ~ 3%，也就是说，实现“双碳”目标的过程中，GDP 和整体经济效益将获得大幅度发展。

除了经济效益，“双碳”还将显著提高我国的社会效益。2060 年，我国清洁能源供应量能够满足 90% 的一次能源需求，能源自给率接近 100%，这将为我国带来能源保障。2060 年，可累计增加约 1 亿就业岗位，促进我国经济社会快速发展。同时，碳中和的目标将带动西部地区人均可支配收入增长，缩小区域发展差异，促进东西部协调发展。

除了腾飞的经济和良好的社会，人民的幸福生活自然离不开美丽的环境和健康的身体。“双碳”目标的实现可以在环境和健康方面使人民受益良多。2060 年，SO_2、NOx、细颗粒物排放分别减少 1 576 万吨、1 453 万吨、427 万吨，分别减排 91%、85%、90%。因此，环境污染问题将得到极大改善。2060 年，我国空气中细颗粒物浓度相比 2015 年减少 80% 以上，可避免因空气污染、极端天气造成死亡人数 2 000 万例，减少污染相关疾病人数 9 600 万例，居民健康将得到更大保障。

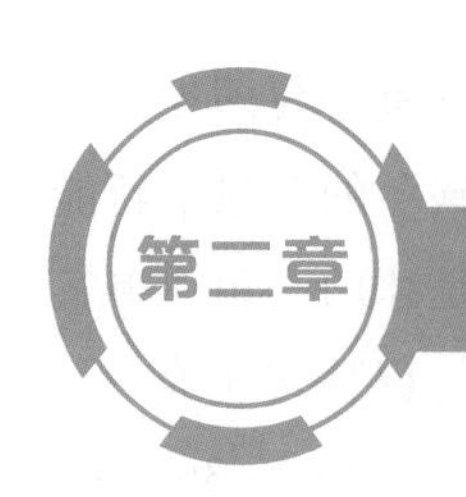

第二章 “碳达峰”和“碳中和”的实现途径

如何实现2030年“碳达峰”，2060年“碳中和”愿景和目标（图2-1）是我国当前亟待回答的问题。作为目前全球碳排放量最大的发展中国家，我国在2030年前达峰后只有三十年左右的时间就要实现“碳中和”目标，任务异常艰巨，但总体上必然呈现尽早达峰、稳中有降、快速降低、趋稳中和的态势。

图2-1 碳中和目标

第一节 碳源侧

一、碳源的基本知识

（一）碳源的定义

碳源（Carbon Source），又称碳排放源（Carbon Emissions Source），是指向大气中释放碳的过程、活动或机制。通常我们把“碳排放”理解为“二氧化碳排放”，也就是说，碳源指二氧化碳从地球表面排放到大气层中，或者由其他物质经过化学反应转化为二氧化碳。

在自然界中，碳源主要是指海洋、土壤与生物体等，此外在工业生产、日常生活中也会释放“碳”，它是碳源的重要组成部分。这些“碳”中的一部分会累积在大气中，打破了大气圈内原有的热平衡（图 2-2），造成“温室效应”，从而影响全球气候变化。多年来，大多数科学家和政府机构也承认温室气体已经并将继续给地球和人类带来灾难，因此，提出“（控制）碳排放”“碳中和”这样的术语就更容易被大多数人所理解、接受，并采取行动。

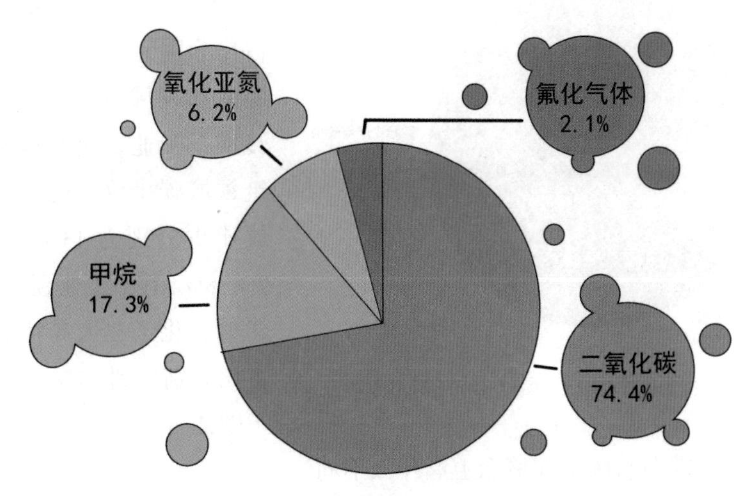

图 2-2　温室气体排放占比

（资料来源：World Resource Institute(World Green house Gas Emissions,2019)）

（二）碳源的分类

关于碳源的分类，一般以经济合作与发展组织（Organization for Economic Co-operation and Development,OECD）和国际能源署（International Energy Agency，IEA）于 1991 年提交的温室气体清单编制方法的报告为基础，由政府间气候变化专门委员会（Intergovernmental Panel on Climate Change，IPCC）等组织合作，历时 5 年修改和完善，最终对碳源做了较为详尽的分类。主要将碳源分为能源及转换工业、工业过程、农业、土地使用的变化和林业、废弃物、溶剂使用及其他共 7 个部分。但由于 IPCC 的研究是在发达国家的背景下进行的，对于发展中国家的工业情况缺少足够的考虑和估计。因此，中国国家计委气候变化对策协调小组办公室在 2001 年 10 月起动的“中国准备初始国家信息通报的能力建设”项目中，正式将二氧化碳等温室气体的排放源分类为：（1）能源活动；（2）工业生产过程；（3）农业活动；（4）土地利用、土地利用变化与林业（Land use, land use change and forestry, LULUCF）和（5）废弃物处理5个部分。

能源活动和工业生产过程是中国二氧化碳排放的主要来源。2019年中国二氧化碳排放（含LULUCF）105亿吨，其中能源活动排放98亿吨，占全社会碳排放（不含LULUCF）87%；从能源品种看，燃煤发电和供热排放占能源活动碳排放比重44%，煤炭终端燃烧排放占比35%，石油、天然气排放占比分别为15%、6%。从能源活动领域看，能源生产与转换、工业、交通运输、建筑领域碳排放占能源活动排放比重分别为43%、36%、9%、8%，其中工业领域钢铁、建材和化工三大高耗能产业占比分别达到17%、8%、6%（图2-3）。

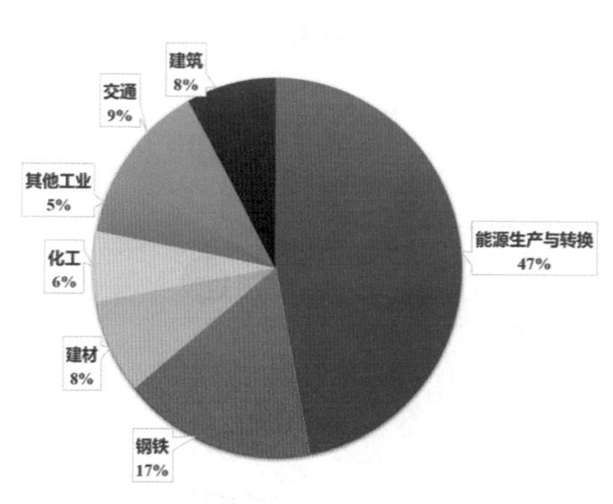

图2-3　我国能源相关二氧化碳排放领域构成

（三）碳源与碳汇在概念上有什么不同？

碳源与碳汇是两个相对的概念，一般来说，碳源是指自然界中向大气释放碳的母体，而碳汇是指自然界中碳的寄存体。减少碳源一般通过减少二氧化碳排放来实现，增加碳汇则主要采用固碳技术。所谓固碳也叫碳封存，指的是增加除大气之外的碳库的碳含量的措施，包括物理固碳和生物固碳。物理固碳是将二氧化碳长期储存在开采过的油气井、煤层和深海。生物固碳是利用植物的光合作用，通过控制碳通量以提高生态系统的碳吸收和碳储存能力，所以其是固定大气中二氧化碳最便宜且副作用最少的方法（图2-4）。关于碳捕集、封存以及利用相关的内容，将在本章后半部分进行详细介绍。

二、分行业的碳源

根据世界资源研究所（World Resources Institute, WRI）的统计数据，在全球二氧化碳排放量占比中，仅中国、美国和印度等大型经济体就占世界排放量的近一半。产生碳排放的产业主要有能源产业、制造业及建筑业、交通运输业和其他行业（包括农业、居民部门和商业等），国际能源署（IEA）报告也显示，非经济合作与发展组织国家的制造业及建筑业所占的比重非常

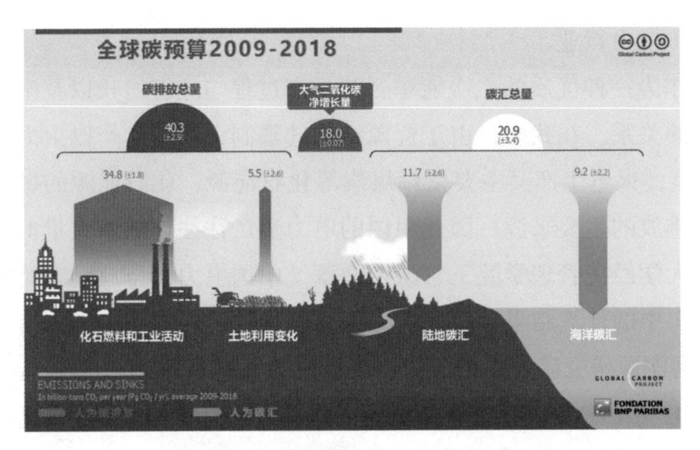

图 2-4　2009—2018 年全球碳预算（碳源和碳汇）

（资料来源：碳图集（Global Carbon Atlas））

高，是碳排放的主要来源，而 OECD 国家的交通运输业和居民部门的碳排放比重相对较大（图 2-5）。由于企业规模、资本结构和生产方式等方面的差异，不同行业在碳排放方面存在一定差异。对不同行业碳排放进行探讨研究，能够突出重点和把握发展趋势，有利于制定切实可行的政策从而减少碳排放。

工业生产行业的碳排放强度大致是第三产业的 2.5 ~ 5 倍。在中国工业分行业中，电力、热力的生产和供应业、黑色金属冶炼及压延加工业、化学原料及化学制品制造业和非金属矿物制品业等行业碳排放所占比重较大，具有明显的高碳特征。

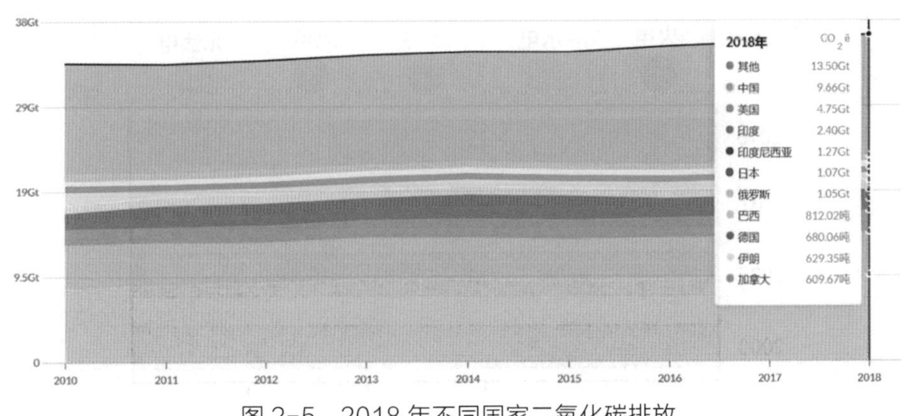

图 2-5　2018 年不同国家二氧化碳排放

（资料来源：世界资源研究所（World Resources Institute，WRI））

（一）电力行业

电力作为一种优质的二次能源，其生产过程与经济增长以及生态环境都有着密切的关系。在我国，由于资源结构的限制，电力生产以火力发电为主（图 2–6），火电生产又主要依赖煤炭等化石能源，化石能源的燃烧排放是二氧化碳排放的主要来源，因此中国的电力生产往往伴随着大量的碳排放。根据东南大学经济管理学院王常凯在文章《中国电力碳排放动态特征及影响因素研究》中的计算结果分析，电力生产碳排放已经占到中国碳排放总量的 40%。国网能源研究院发布的《中国能源电力发展展望 2020》报告也显示，随着终端电气化水平持续提升，电力需求将在 2035 年前保持快速增长，或将在 2050 年增长至 12.4 万亿 ~ 14.7 万亿千瓦时。部分碳排放将从终端用能部门逐步转移到电力行业，电能将逐步占据终端用能的核心地位，电力部门也将成为最主要的碳排放源（图 2–7）。

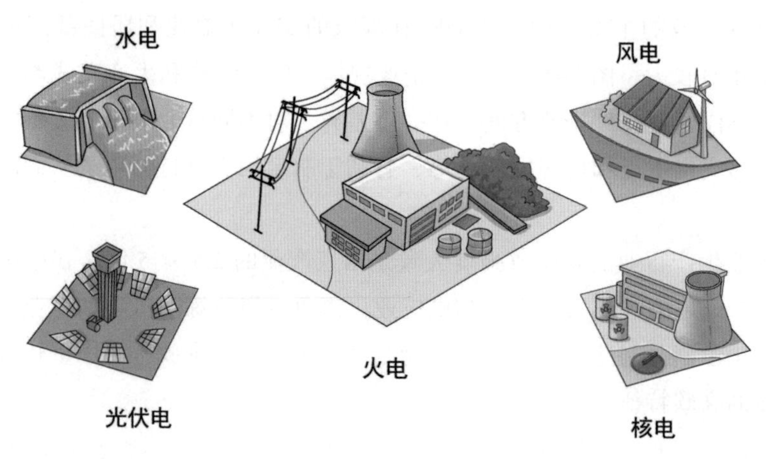

图 2–6　发电厂示意图

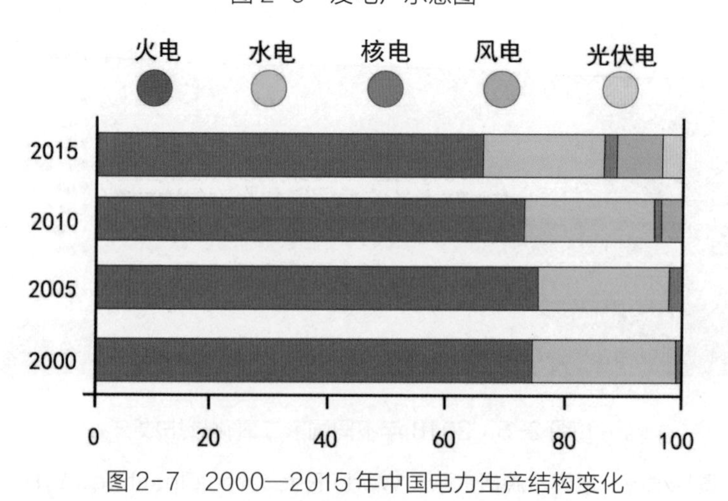

图 2–7　2000—2015 年中国电力生产结构变化

（二）石油化工

石油化工行业主要是指石油和天然气开采业和以石油、天然气为原料生产石油及化工产品的加工工业（图 2–8）。因此，石油化工行业的碳排放源是多元化的、多渠道的，主要排放源有：（1）石化产品在炼制过程中产生的大量废气污染物；（2）由于生产装置落后，在石化产品生产过程中产生的弛放气、不凝气等；（3）石化产品在运输过程中易挥发或者泄露，散发出有毒气体和恶臭污染空气。此外，常规原油中伴生的天然气，随着开采活动也会产生甲烷等的逃逸排放。

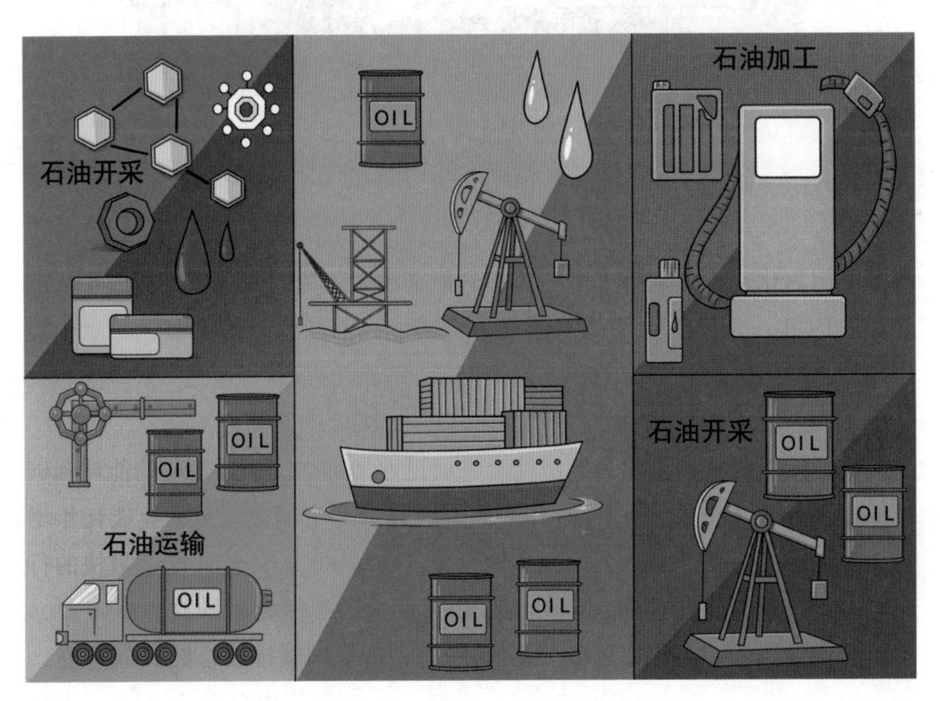

图 2–8　石油化工行业分布

石油化工产品在生产过程中释放的高浓度二氧化碳，由于受到地域、资金及技术水平方面的限制，这些气体回收利用率非常低，大部分排放到大气中。目前，中国每年大约有 4 000 万吨的二氧化碳固定在化学化工产品中，如碳铵、尿素、碳酸盐等。

（三）钢铁冶金

钢铁生产过程中二氧化碳的排放主要有两个来源，分别是炼铁熔剂高温分解和炼钢降碳过程（图 2–9）。石灰石和白云石等炼钢熔剂中的碳酸钙和碳酸镁在高温下会发生分解反应，并排放出二氧化碳。炼钢降碳过程是指在

图 2-9　钢铁冶金工业

高温下用氧化剂把生铁里过多的碳和其他杂质氧化成二氧化碳排放或炉渣清除。2019 年，钢铁行业的能源消耗占全国能源消耗总量的 17%，二氧化碳排放约占全国排放总量的 15%，是我国节能减排的重点行业之一。

（四）交通运输

交通需求随着城市化和经济社会发展迅速增加，交通运输业的能耗和碳排放量增长也十分明显（图 2-10）。研究显示，中国交通运输业能耗年增长率为 10.8%，高于全社会能耗年增长率（8.74%），是能耗增速最快的行业之一。在消耗大量能源的同时也带来了巨大的二氧化碳排放，2019 年，中国交通运输领域碳排放总量 11 亿吨左右，占全国碳排放总量 10% 左右，其中公路占 74%、水运占 8%、铁路占 8%、航空占 10% 左右。在所有能源终端消耗部门中，交通运输行业温室气体排放的增长速度高居榜首。受国家发展水平影响，现阶段中国交通发展呈现重规模总量、轻效益质量和社会成本的

图 2-10　全球交通运输网络

特点，带来交通运输能源消耗和污染物排放也随之快速增长。

据 IPCC 的研究报告显示，未来通过交通燃料升级、改善车辆的效率、减少交通出行需求、转变交通出行方式、完善基础设施等手段，到 2050 年有望实现交通部门的温室气体排放量比预期减少 20% ~ 40%。

（五）建筑建材

在工业、交通和建筑三大耗能行业中，建筑业的二氧化碳排放量约占排放总量的 30%。2008 年全国建筑业碳排放总量为 10 亿吨，在 2012 年达到历史极值 32.3 亿吨，之后由于国家关于房地产宏观调控政策逐步制定与落实，碳排放量开始下降，至 2017 年全国建筑业碳排放总量为 19.7 亿吨。

建筑业（图 2–11）除终端能源消耗产生的直接碳排放量之外，在钢材、水泥、玻璃等建筑材料的生产过程中，也会产生大量的二氧化碳。中国建筑材料联合会发布《中国建筑材料工业碳排放报告（2020 年度）》显示（图 2–12），建材行业 2020 年二氧化碳排放 14.8 亿吨，比 2019 年上升 2.7%。按子行业划分，2020 年水泥工业二氧化碳排放 12.3 亿吨，同比上升 1.8%；石灰石膏行业二氧化碳排放 1.2 亿吨，同比上升 14.3%；墙体材料工业二氧化碳排放 1 322 万吨，同比上升 2.5%；建筑卫生陶瓷工业二氧化碳排放 3 758 万吨，同比下降 2.7%；建筑技术玻璃工业碳排放 2 740 万吨，同比上

图 2–11　城市建设

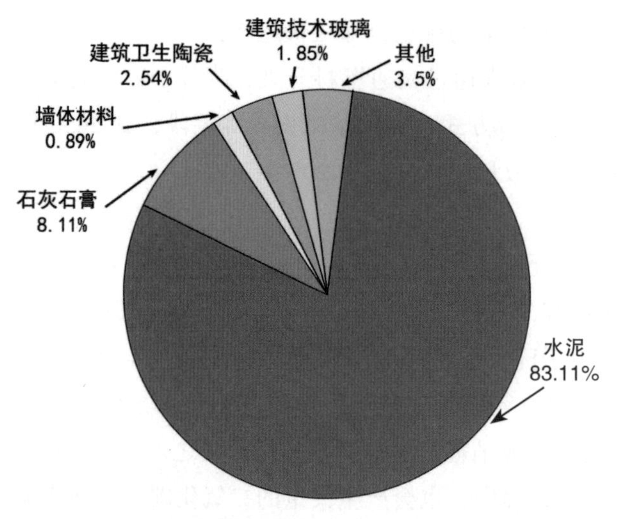

图 2-12　2020 年建筑行业各子工业碳排放量占比

升 3.9%。建筑的碳排放包括建筑物中建材生产和运输、建造和装配、建筑物使用(维护)、建筑物拆除处理等过程中的碳排放。而建筑物中建材的碳排放应当包括建材的生产、运输、建材的维护更换、建材拆除后的处理等 4 个过程中的碳排放。

（六）农业

根据 WRI 统计数据，2018 年全球农业碳排放量为 26.6 亿吨二氧化碳当量，其中中国农业碳排放量为 6.73 亿吨，包括林业、渔业和畜牧生产（图 2–13），成为全球农业温室气体排放最大的国家。农业碳排放主要包括农业活动产生的直接碳排放和农业投入导致的间接碳排放，碳排放的途径主要有水稻等农作物种植、

图 2–13　农业生产

反刍牲畜肠道发酵、农田土壤、化肥、耕作和秸秆焚烧等。

（七）其他

在林业生产过程中（图 2-14 和图 2-15），既包括温室气体的排放（如森林采伐或毁林排放的二氧化碳），也包括温室气体的吸收（如森林生长时吸收的二氧化碳）。如果森林采伐或毁林的生物量损失超过森林生长的生物

图 2-14 木材采伐

图 2-15 植树造林

量增加，则表现为碳排放源，反之则表现为碳吸收汇。

在城市固体废弃物和生活污水及工业废水处理过程中（图 2-16），会排放甲烷、二氧化碳和氧化亚氮气体，也是温室气体的重要来源之一。废弃物处理温室气体排放清单包括城市固体废弃物（主要是指城市生活垃圾）填埋处理产生的甲烷排放量，生活污水和工业废水处理产生的甲烷和氧化亚氮排放量以及固体废弃物焚烧处理产生的二氧化碳排放量。

生物质（图 2-17）燃烧的排放源主要包括：居民生活用的省柴灶、传统灶等炉灶，燃用木炭的火盆和火锅以及牧区燃用动物粪便的灶具，工商业部门燃用农业废弃物、薪柴的炒茶灶、烤烟房、砖瓦窑等。考虑到生物质燃

（a）城市垃圾填埋

（b）工业废水排放

图 2-16 城市垃圾填埋和工业废水排放

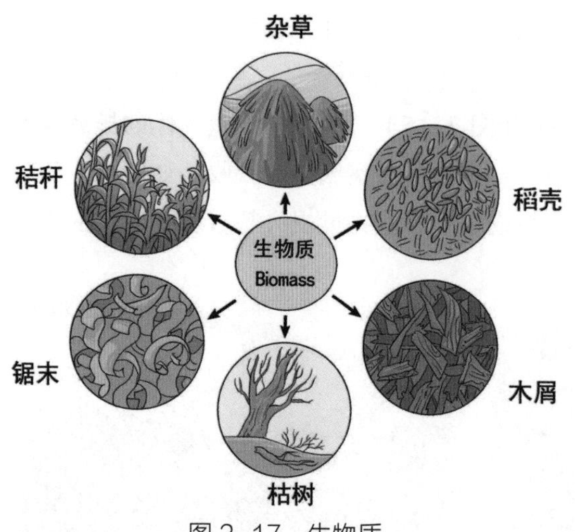

图 2-17　生物质

料生产与消费的总体平衡，其燃烧所产生的二氧化碳与生长过程中光合作用所吸收的碳两者基本抵消，只需要考虑甲烷和氧化亚氮的排放。

三、分行业的节能减排措施

中国工程院副院长谢克昌院士曾表示，实现“碳中和”目标的技术路径有着优劣之分。其顺序应该依次为节能提效、降低碳排放强度、增加低碳能源和减少高碳能源、通过植树造林强化自然碳汇以及二氧化碳捕集、封存和利用。作为应对气候变化的关键着力点之一，节能已经被公认为除了煤炭、石油、天然气、电力之外的“第五能源”。通过节能工作持续提高能效、降低碳排放量，应是实现“碳达峰”“碳中和”目标的重要手段。

同时，国内外关注气候变化与减排策略的研究也已经认识到电力、石化、钢铁、水泥、交通运输、建筑等主要耗能行业技术变化及其产品生命周期变化对于碳排放变化存在重要影响，这些高排放行业，需要消耗大量的高位热能，因此加大这些高耗能行业的节能水平和提高能源利用效率是中国实现碳达峰目标的首要选择。

（一）电力行业

2021 年 3 月 5 日，李克强总理在 2021 年政府工作报告中指出，要扎实做好碳达峰、碳中和各项工作，制定 2030 年前碳排放达峰行动方案，优化产业结构和能源结构。因此，能源作为我国碳排放的主要组成部分，能源行业的低碳转型既是实现碳中和宏伟目标关键环节，也是我国可持续发展的基础。

电力生产（图 2-18）是未来国家能源体系实现节能减排目标的主要部门之一。受化石能源替代技术的限制，可燃冰、核聚变以及液态氢等系统集成技术方面均难以在 2030 年前实现产业化，这也就阻碍了我国电力产业节能减排的进程。因此，目前我国的电力行业实现节能减排依然继续坚持“上大压小”政策，并通过推广和应用整体粉煤燃烧技术（PCC）、煤气化联合

图 2-18　火力发电厂

循环（IGCC）、超（超）临界、大型循环流化床（CFB）等先进发电技术；强化发电、输电关联与电力企业用电设备的更新改造，降低线损率和厂用电率；实施多样化电价政策，提高电能终端使用效率，抑制高耗能企业用电增长；积极推进洁净煤技术应用和热电联产，提高火电能源转换效率等手段逐步实现电力行业的高效节能。

根据赵建安等人在 2017 年的综述文章《中国主要耗能行业技术进步对节能减排的影响与展望》中对各行业目前主要节能减排技术的集成汇总，其中关于电力生产行业的主要技术类型如表 2-1 所示。

表 2-1　电力生产行业节能减排相关技术集成

化石能源结构替代技术	1. 增压流化床联合循环发电技术（IGCC-PFBC）； 2. 节油点火技术； 3.CP1000 与 CP1400 核电技术
清洁能源替代技术	1. 分布式风光互补发电技术； 2. 规模化光热发电技术； 3. 磁悬浮风力发电技术； 4. 大规模风光电集能与储能技术； 5. 水力调度发电智能联合调度技术； 6. 新型蓄能材料技术

低能耗、低排放技术	1. 脱硫技术（旋转喷雾、炉内喷钙、电子束照射、NID法）； 2. 脱硝技术（低NOx燃烧、烟气脱硝、液体吸附微波、微生物法等）； 3. 除尘技术（惯性除尘、旋风除尘、静电除尘等）
能效提升工艺技术	1. 高参数、超临界机组燃烧技术； 2. 高参数、超超临界机组燃烧技术； 3. 热电联产改造技术； 4. 常压流化床联合循环发电技术（AFBC）； 5. 智能电网技术
排放能源回收技术	1. 电站锅炉排烟余热综合技术； 2. 除氧器余汽回收技术
低能耗装备技术	1. 空气预热器改造技术； 2. 风机节能改造技术； 3. 汽轮机本体与辅机防风防漏改造技术； 4. 电器变频调速技术

（二）石油化工

石油化工产业的节能减排相关措施和技术，主要以燃料油、乙烯、合成氨和烧碱四大产品为代表性产品作为对象进行针对性的改进和优化。其中，炼油业（图2-19）受国内油气资源品质劣质化趋势影响，即使通过更新改造，进一步提高炼油工业集中度等，炼油工业仍将在总体上与国际先进水平存在一定差距。乙烯的技术节能减排主要是通过裂解炉的改造和大型化，高效换热器的改造和配套，全面回收烟气余热和低温热能及热电联产，在线烧焦技术和低耗分离技术，装备点火自动化控制等举措，使国内乙烯装置平均综合能耗下降。合成氨的技术节能减排仍主要是装置的大型化和集成化，烟

图2-19 炼油工厂

气余热回收，新型催化剂应用，自动化控制能力提高，对烟煤、褐煤合成应用等。烧碱的技术节能减排措施主要是大规模采用离子膜法应用，改造隔膜电解槽，装置大型化等。

（三）钢铁冶金

钢铁冶金工业（图2-20）因过大产能正成为国家“三去一降一补”的重点行业，淘汰落后产能也成为节能减排的重要内容；同时，业界预测中国钢铁消费需求已达峰值，2020年后将呈下降趋势，预计2030年钢材实际消费量为4.92亿吨。

图 2-20　钢铁冶金工厂

在技术节能减排方面，需要继续加大对钢铁工业的鼓励兼并重组力度，淘汰落后产能，提高产业集中度，由此实现的技术节能减排占1/3左右；通过积极引进、创新生产新工艺，实现生产过程精确化控制，由此实现的技术节能减排占吨钢综合能耗技术节能的2/3左右。

同2010年排放量相比，钢铁行业低、中、高三种技术减排政策情景均具有较大的减排空间。与基准情景相比，低技术政策情景下钢铁行业2030年可进一步减排0.210亿吨二氧化碳当量。提高减排政策强度后，行业结构调整与技术升级幅度加大，行业减排潜力也有所提升。在中减排政策情景下，钢铁行业2030年可再减排0.503亿吨二氧化碳当量；在强减排政策情景下，钢铁行业2030年最高可再减排0.743亿吨二氧化碳当量。

钢铁冶金行业节能减排相关技术汇总如表2-2所示。

表 2-2　钢铁冶金行业节能减排相关技术集成

化石能源结构替代技术	1. 块矿炼铁技术（熔融还原炼铁技术）； 2. 纳米微米节能材料技术； 3. 高炉喷煤助燃剂技术
清洁能源替代技术	1. 高炉喷吹废旧塑料替代碳还原技术； 2. 干熄焦燃烧技术； 3. 蓄热式燃烧技术； 4. 清洁电源利用提升技术

续　表

低能耗、低排放技术	1. 微波炼铁技术—无碳炼铁工艺技术； 2. 富氧燃烧技术； 3. 转炉干法除尘技术； 4. 降低烧结漏风技术
能效提升工艺技术	1. 高炉低温快速还原反应技术 2. 氧化铁 H_2 还原技术和炉顶煤气 CO_2 分离技术； 3. 热轧连铸比综合技术
排放能源回收技术	1. 高炉煤气回收发电技术； 2. 高炉冲渣水余热回收技术； 3. 转炉煤气回收技术； 4. 烧结余热利用技术
低能耗装备技术	1. 风机节能改造技术； 2. 电器变频调速技术

（四）交通运输

与主要耗能工业不同，交通运输行业在规模上总体呈现持续增长态势。交通运输节能减排的主要路径在总体上不是存量节能减排（除部分运输方式市场需求下降外），主要需从增量节能减排，即将科技创新与技术进步作为节能减排的主要路径。

中国道路交通和运输行业的节能减排，应着重加强节能型交通基础设施网络体系建设，优化交通布局，加强运输大通道和综合交通枢纽建设，实现客运的“零换乘”和货运的“无缝衔接”；大力推行公交优先，建立以公共交通为骨干的绿色出行系统，加快快速公交系统（BRT）建设，降低出租汽车空驶率；推广使用节能与新能源车辆（图 2-21），逐步提高城市公交、出租汽车中天然气车辆的比重。大力推广不停车收费（ETC）、智能交通系统（ITS）等现代信息技术，提升交通运输生产效率和服务水平；大力推广燃油添加剂、节油器等先进适用技术与产品；在交通基础设施建设养护中积极采用新结构、新工艺和新材料；推行智能交通管理，减少收费过程中由于车辆低速、怠速行驶造成的能源浪费和排放。

图 2-21　充电出租车

由于交通运输实现技术进步节能减排，同时涉及基础设施（轨道、道路、管道）建设与维护，运输装备制造与维护，运输过程与组织管理 3 个方面，尤其与交通运输设施建设和运输装备制造高度相关。

交通运输行业节能减排相关技术汇总如表 2–3 所示。

表 2–3　交通运输行业节能减排相关技术集成

化石能源结构替代技术	1. 高效燃料油替代技术； 2. 高密度车用、船用液化燃气制造储存技术
清洁能源替代技术	1. 清洁能源转换装备技术； 2. 氢燃料大规模制备技术； 3. 清洁能源快速换装技术
低能耗、低排放技术	1. 高效车用、机车、船用、飞行器发动机装备制造技术； 2. 高效电动、混动成套运输装备制造技术； 3. 轻量化运输装备材料技术； 4. 低能耗运输装备设计技术； 5. 低能耗运输基础设施材料技术
能效提升工艺技术	1. 交通枢纽客货高效运输转换技术； 2. 多式联运组织与集约化物流运行技术； 3. 城市智能交通运输空间管理技术； 4. 城市空间高效利用站场设施运行技术
排放能源回收技术	1. 港站废油、废热回收技术； 2. 港场站污染物处置技术
低能耗装备技术	1. 高能耗运输装备协同处置技术； 2. 高能耗运输装备监管、淘汰运行技术； 3. 既有运输装卸设备“油改电”技术； 4. 运输基础设施管理装备低能耗技术

（五）建筑建材

与交通运输行业相似，由于中国城镇规模持续扩张，建筑行业能耗呈现出快速增长态势。虽然建筑施工建设过程的能耗占比近年来有所下降，但是建筑使用过程消费比重 90% 以上的建筑过程能耗因面积规模而持续扩大。在建筑活动开展中所使用的建筑材料一般可以划分为三种类型：（1）可再生资源；（2）可再利用材料；（3）可再循环材料。无论是哪一种材料，其在建筑活动开展中，都需要做到有效利用，在减少建筑材料浪费的基础上，实现资源与能源的节约（图 2–22）。

水泥行业需要提高能源效率、推动节能降耗的主要措施包括：大力发展新型干法水泥并提高其产量比重，淘汰落后水泥生产能力；提高装置规模，

图 2-22　绿色建筑

实现设备大型化；推动低温余热发电、大型高效立磨、可燃废弃物利用等节能技术在水泥企业中的应用。

平板玻璃行业的节能降耗措施主要包括：优化生产工艺结构，提高浮法玻璃比重；采用国外先进技术装备，提高装置规模；加快优质浮法玻璃生产线的建设并提高其产量比重；对玻璃企业实施综合节能技术改造；包括窑炉全保温技术、富氧 / 全氧燃烧技术等。

建筑卫生陶瓷行业的节能降耗措施主要包括：通过引进国外先进设备和国内消化吸收相结合实现装备技术水平提高和装置大型化；淘汰落后生产窑型；对陶瓷炉窑进行综合节能技术改造，如炉体结构的设计优化、燃烧系统的完善以及炉体材料的轻质化和提高可靠性等。

墙体材料行业的节能降耗措施主要包括：大力发展新型墙体材料，逐步减少实心黏土砖产量；提高新型墙体材料生产线规模，采用高性能制砖机械；此外淘汰黏土砖生产中的土窑和简易轮窑工艺也可在短期内得到一定的节能效果。

建筑建材行业节能减排相关技术汇总如表 2–4 所示。

表 2–4　建筑建材行业节能减排相关技术集成

化石能源结构替代技术	1. 高效热电联产替代技术； 2. 各类燃气（煤层气、瓦斯气、天然气等）替代煤供热技术； 3. 水 – 气联合循环蓄能技术
清洁能源替代技术	1. 地热能建筑持续供热技术； 2. 城乡分布式建筑风 – 光互补供热制冷技术

续 表

低能耗、低排放技术	1. 新型保温节能轻型墙体材料制造技术； 2. 新型保温节能墙体涂料制造技术； 3. 城乡社区布局规划与节能民用、公共建筑设计集成技术； 4. 建筑垃圾回收再利用技术； 5. 建筑施工节能集成技术； 6. 低能耗照明与电器设备制造技术
能效提升工艺技术	1. 既有公共建筑节能改造集成技术； 2. 既有小区与民用建筑近零耗绿色节能改造集成技术； 3. 公共建筑智能使用节能管理技术； 4. 北方不同区域供热采暖节能改造技术
排放能源回收技术	1. 工业余热回收与建筑供热耦合节能技术； 2. 谷电 - 冰水蓄能耦合节能技术
低能耗装备技术	1. 公共建筑高能耗电机电器节能变频改造技术； 2. 民用建筑集中供热监控节能改造技术； 3. 公用设施与建筑节能改造集成技术

（六）农业

中国农业部在 2011 年出台了《农业部关于进一步加强农业和农村节能减排工作的意见》，明确了农业和农村节能减排指导思想，将农业节能减排作为农业、农村工作的重要任务之一。根据农业子行业分类，农业节能减排措施可以从四个角度出发。

在种植业方面，需要大力推广农作物高产栽培集成配套技术，适应农机规模化作业需要，建立节能高效农作物种植标准模式；大力推广节种节肥节药节水技术，推行免耕播种等保护性耕作模式，扩大测土配方施肥面积，鼓励农民增施有机肥，提高肥料利用率（图 2-23）。

在农机使用方面，通过借鉴发达国家节能减排相关经验，加大对节能农机研发和农机企业技术创新的投入力度，加快农机节能减排实用技术推广应

图 2-23　科技农业培育

用步伐，逐步淘汰耗能高、排放大的老旧农业机械。

在农村能源渠道方面，推广省柴节能炉灶等技术，推进农作物秸秆能源化。针对农村生活垃圾、污水、农作物秸秆以及人畜粪便污染问题，因地制宜建设秸秆沼气供气工程，推广“四位一体”和“猪－沼－果”等能源生态模式，实现养殖废弃物资源化利用和环境治理双重目标。

在养殖业方面，在适度规模养殖基础上，推行集约、高效、生态、健康养殖模式，加强养殖排泄物治理，提高肥料化、能源化利用水平。在规模化养殖场或养殖小区，着重推广雨污分流、干湿分离和设施化处理技术，减少养殖排泄物污染。大力推进秸秆养畜，提高秸秆饲料化水平，转变畜牧业传统生产方式。

（七）节能减排的政策措施

政府采用的节能减排政策措施主要包括以下六项：人事措施、行政措施、财政税收措施、金融措施、引导措施以及其他经济措施。人事措施是从人事培训、人事安排、人事奖惩等方面采取的手段；行政措施主要是指政府采取行政许可、监督检查、审批权限等强制性的手段；财政税收措施主要指财政补贴与税收优惠；金融措施主要指信贷支持、金融服务等方面的措施；引导措施主要指加强宣传、推广，实行试点项目等手段；其他经济措施主要包括相关费用与价格的实施调整，折旧、成本和费用的会计处理规定等。对于节能减排政策措施中的成本、折旧以及相关价格的调整等这些方面无法归类到另外五个措施中，将其单独归为其他经济措施以示区分。

节能减排政策措施、实施路径和政策目标如图 2-24 所示。

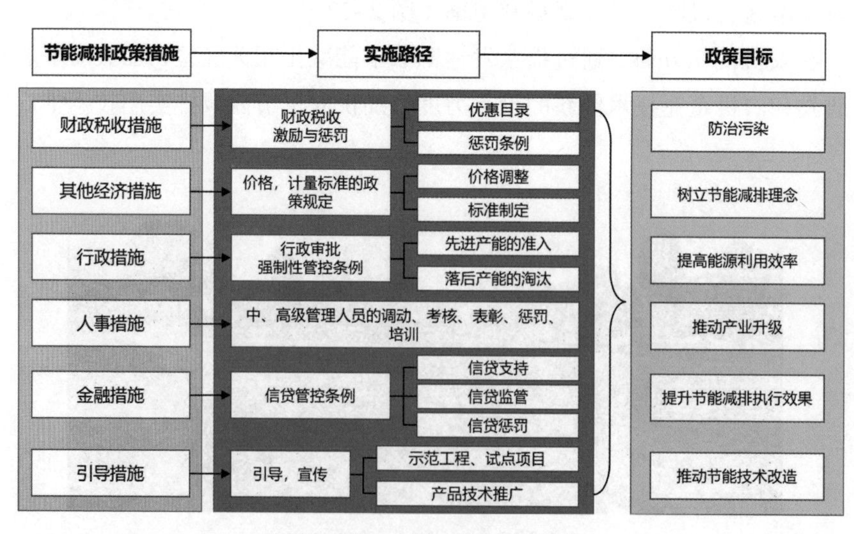

图 2-24　节能减排政策措施

四、新能源替代

全球的气候变化以及日益频繁的极端气候事件已经对人类社会构成重大的威胁。随着习近平主席在2020联合国大会上向世界做出了“2030年前达到碳排放峰值，2060年前实现碳中和”的庄重承诺，我国如果能在21世纪中叶实现净零碳排放，对于全球应对气候变化的威胁有着重大意义。

在我国的低碳转型战略中，不同产业部门的电气化以及电力来源的低碳化是能否实现碳中和目标的关键。在世界各国全面脱碳的情景中，要想实现整体经济的脱碳，电力的优先脱碳是重要前提。图2-25展示了2020年世界不同地区的电力结构。从图中可以看出我国所在的亚太地区，超过60%的电力仍然来自传统低效的燃煤火力发电。根据预测，要在2060年实现零碳经济，我国的发电总量需要从目前的7万亿千瓦时增加到至少20万亿千瓦时，如图2-26所示。此外，除了电力需求的飞速增长，我们还面临着能源结构的关键变革，其中化石能源的占比将大幅减少90%以上；风能、太阳能等可再生能源则将成为发电的支柱。四个方面的零碳技术应运而生:（1）可再生能源电力。利用如图2-26所示的太阳能、风能、核能等非化石能源实现零碳电力；（2）清洁氢能。利用零碳电力实现绿色氢能制备的变革性储能技术，对于其他工业、交通、建筑等行业的脱碳起到关键作用；（3）生物质利用。其作为重要的零碳燃料和工业原料，是目前化石燃料很有前景的替代方案；（4）碳捕集、封存和利用技术（CCUS）。短期内实现绿氢、

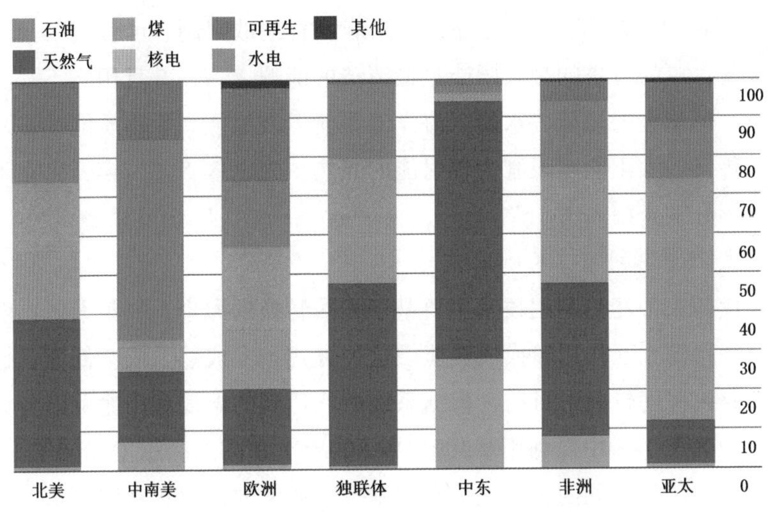

图2-25　2020年世界各地区电力结构

（数据来源：BP Statistical Review of World Energy 2021）

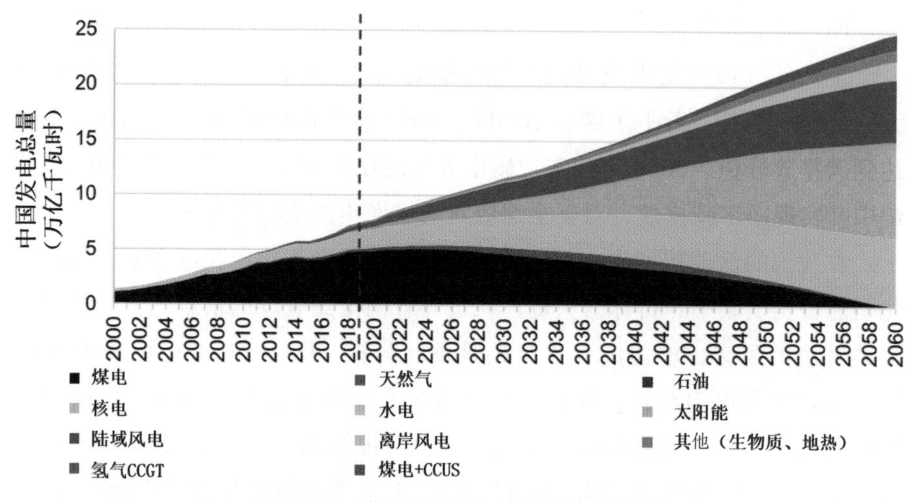

图 2-26 中国预计发电总量及电力结构

（数据来源：BP Statistical Review、高盛全球投资研究部）

蓝氢制备的关键，也有助于其他无法减排的工业子行业和传统化石燃料利用实现脱碳。

在下面的小节将对可再生能源、生物质和氢能技术进行分别介绍，而CCUS 技术的相关内容则将在本章第二节进行讨论。

（一）太阳能

太阳能是指由太阳内部连续不断的核聚变反应而产生的，来自太阳的辐射能量。根据估算，每秒照射到地球的能量高达 1.465×10^{14} 焦，相当于500 万吨煤。除了总量巨大之外，太阳能没有地域限制、可直接采集利用而无须运输，更为可贵的是太阳能是最清洁的能源之一，并且用之不竭。广义上来说，地球上的风能、水能、海洋温差能、波浪能和生物质能都是来源于太阳。狭义的太阳能则限制为辐射能的光热、光电等直接转换，将在下面的小节进行分别介绍。

1. 太阳能热利用技术

现代的太阳能热利用技术主要基于光热转换的原理，收集太阳辐射能并通过与物质的相互作用转换成热能。这种方式技术成熟、成本低廉、普及性广、工业化程度较高。目前，根据系统所能达到的温度和用途可以分为低温利用（<200℃）、中温利用（200℃ ~ 800℃）和高温利用（>800℃）。

生活中随处可见的太阳能热水器是一种典型的低温热利用技术，一般由集热器、保温储水箱、循环管路、控制部件等装置组成。在工作流程中冷水通过下循环管路进入集热器加热，产生的热水经由上循环管路进入保温储水箱，多次循环最终使保温储水箱中的水全部得到加热供生活和生产使用。其他的低温热利用技术包括直接把太阳辐射能转换成炊事所需热能的太阳灶、利用太阳能为建筑提供采暖或者降温的太阳房等，如图 2–27 所示。

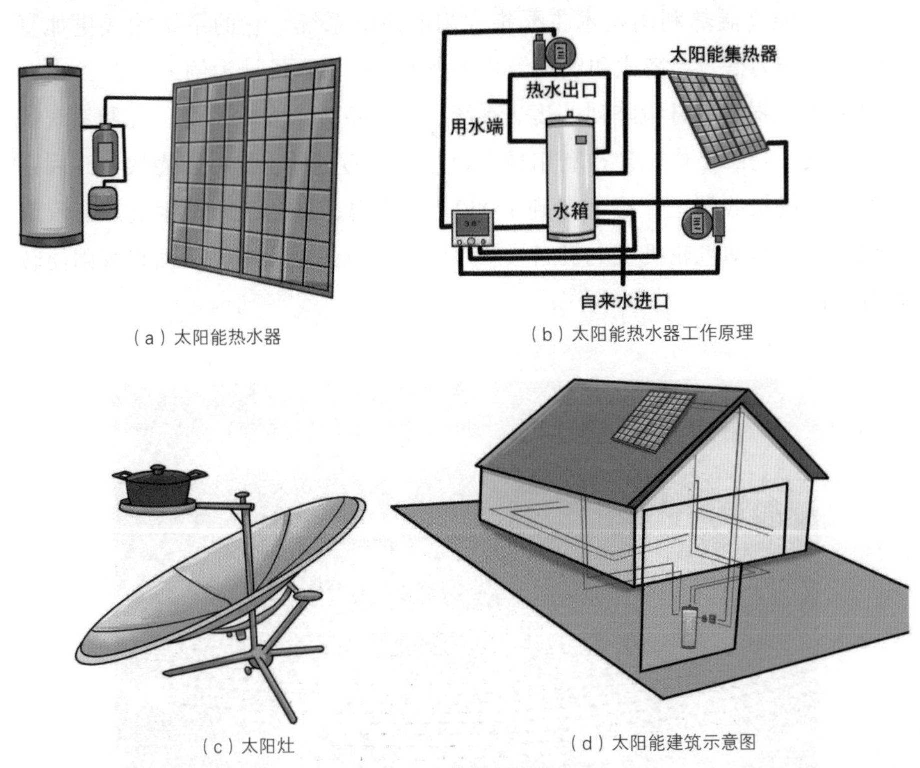

（a）太阳能热水器　（b）太阳能热水器工作原理

（c）太阳灶　（d）太阳能建筑示意图

图 2–27　太阳能低温热利用

太阳能中温热利用技术包括太阳能集热器、太阳能空调、太阳能工业应用和海水淡化等。以太阳能海水淡化为例，它的工作原理非常简单：通过收集太阳辐射的热能来驱动海水进行蒸发和冷凝，如图 2–28 所示。随着后续

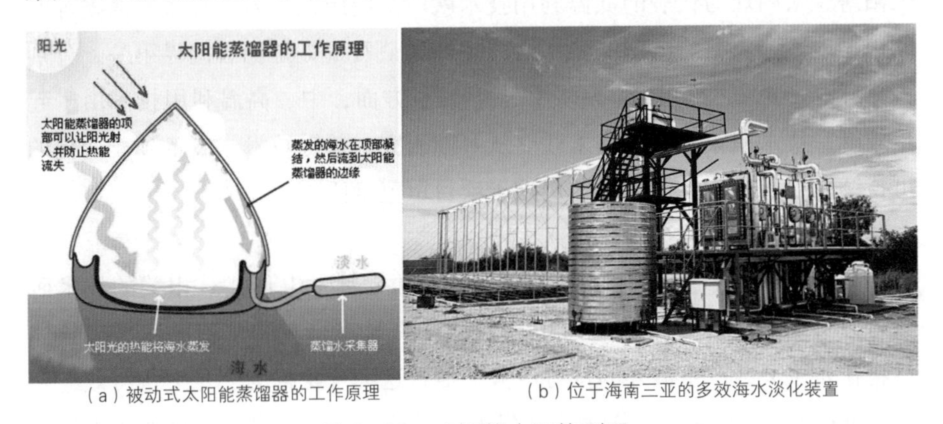

（a）被动式太阳能蒸馏器的工作原理　（b）位于海南三亚的多效海水淡化装置

图 2–28　太阳能中温热利用

的改进，配备了额外的风机、水泵等装置并引入少量动力消耗的主动式太阳能蒸馏系统和结合了其他相关技术综合应用的复合式海水淡化方法成为目前中温利用的前沿研究方向。

太阳能高温热利用技术主要指太阳能热电系统。它的系统构成更加复杂，大致分为槽式、塔式和碟式等几大类型。以塔式设计为例（图 2-29），整套装置主要由定日镜阵列、集热系统、蓄热系统、发电系统、控制系统等部分组成。它的工作原理是利用独立跟踪太阳的定日镜群将阳光聚集到固定在塔顶部的接收器上，产生达到 1 000℃的高温，加热工质产生过热蒸汽或高温气体，驱动汽轮机发电机组或燃气轮机发电机组发电，从而将太阳能转换为电能。

图 2-29　位于敦煌的 100 MW 熔盐塔式光热发电站

低温太阳能热利用技术门槛相对较低，从 20 世纪 80 年代初开始，以太阳房、太阳灶为代表的低温利用技术就广泛应用在甘肃、青海、西藏等西北边远地区和农村。太阳能热水器的生产和消费量更是稳居世界第一，分别占全球总产销量的 70% 和 50% 以上。另一方面，中、高温利用技术由于起步较晚，技术积累不足，尚未建立从基础研究、关键技术、装备到产业化的可持续发展的产业支撑体系，仍处于项目示范阶段。

2. 太阳能光伏发电技术

光伏发电是直接将太阳能转换为电能的一种发电形式。相关的技术研究可以追溯到 100 多年前，1839 年法国物理学家贝克雷尔首次发现半导体材料在光照下会产生额外的伏打电势，他将这种现象称为“光生伏特效应”（Photovoltaic effect）。作为光伏发电的最基本单元，太阳能电池的工作原理如图 2-30 所示。当阳光投射到太阳电池时，内部产生自由电子 - 空穴对，并在内建电场作用下扩散，自由电子流向 N 区，光生空穴流向 P 区，接通电路后就形成了电流（图 2-30）。实际应用中，大规模的太阳能发电系统一般主要由太阳电池方阵、控制器、逆变器和蓄电池等部分构成。太阳能电池板先将太阳辐射能直接转换成直流电，存贮于蓄电池内备用或者经由逆变器转换成交流电并入电网。太阳能电池发电是一种可再生的环保发电方式，过程中不会产生二氧化碳等温室气体，也不会对环境造成污染，一直是各国研究的热点。制造材料的发展经历了第一代硅基太阳能电池、第二代薄膜太阳能电池和第三代新概念高效电池（有机太阳能电池、钙钛矿太阳能电池等）。

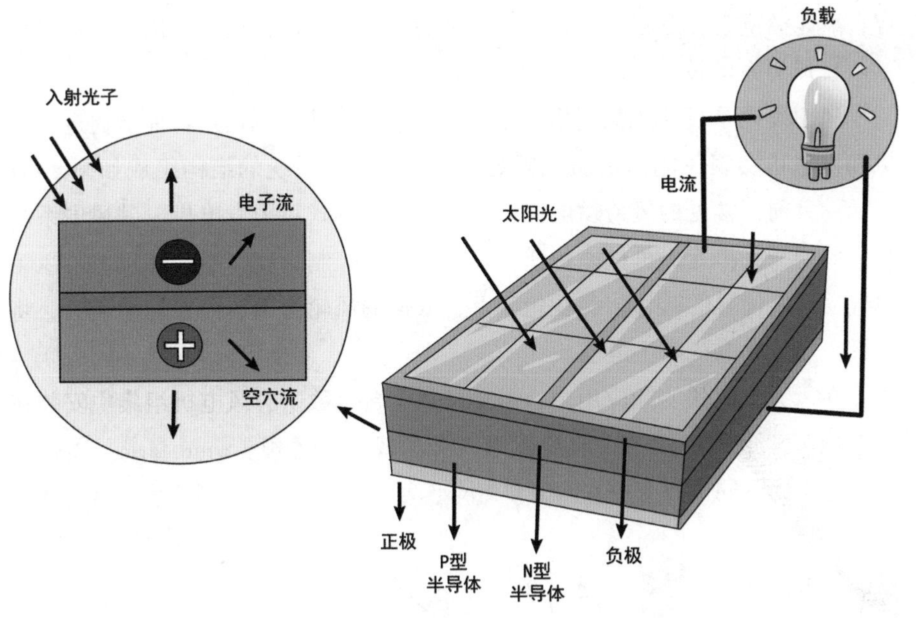

图 2-30　太阳电池结构及发电原理示意图

2000 年以来，全球光伏产业以 30% ~ 60% 的平均年增长率高速扩增，是发展速度最快的产业之一。我国地域辽阔，全国约 65% 以上的国土面积年日照在 2 200 小时以上，有着丰富的太阳能资源，从 2007 年开始以 1 088 MW 的产量成为全球生产太阳能光伏电池最多的国家，到 2020 年已经大幅增长到 174 GW。在 2050 实现碳中和的图景中，太阳能光伏发电的预期总量将达到 2 500 GW，占社会总发电量约 35%，是我国未来电力供应的“顶梁柱”。

3. 太阳能利用的发展趋势

作为一种典型的可再生清洁能源，太阳能有着广阔的利用前景和丰富的利用技术。电作为2050碳中和图景中理想的能量载体，高效、低成本的光伏发电技术，比如第三代新型太阳能电池，无疑是目前各国研究的重点。而太阳能利用最大的缺陷是能量的间歇性和波动性，即在晚上或者阴天无法提供足够的电能输出。为了解决这一问题，需要大力发展高效的储能系统和综合能源系统实现不同可再生能源的有机统合，使其能突破地区、时间、季节、气候变化的影响从而达到清洁能源的最大化利用。

（二）风能

风能是指由太阳辐射地球表面引起大气层中受热不均匀，从而导致空气在气压梯度下沿着水平方向流动所形成的动能。作为一种可再生的清洁能源，风能储量大、分布广，并且开发利用的成本相对较低，所以极具前景。

1. 风力发电技术

风力发电是目前风能利用的主要形式。它的基本原理是将风能通过风轮机和发电机实现风能到机械能再到电能的转化，系统的结构组成如图2-31所示。目前，常见的风力发电机组主要为水平轴式风力发电机，其风电系统分为风能捕获单元，机械能传递，发电过程及控制系统，塔架和机舱。风轮由气动性能优异的叶片装载在轮毂上，低速的风轮由增速齿轮箱增速后，将动量传递给发电机产生电能。

在风力发电的实际应用中，需要把数十台至数千台风电机组集中安装在一个地区，形成规模，一般被称为风力场或者风力田（wind farm）。根据运行方式的不同可以分成并网型和离网型两大类型。并网型风力发电常为几兆

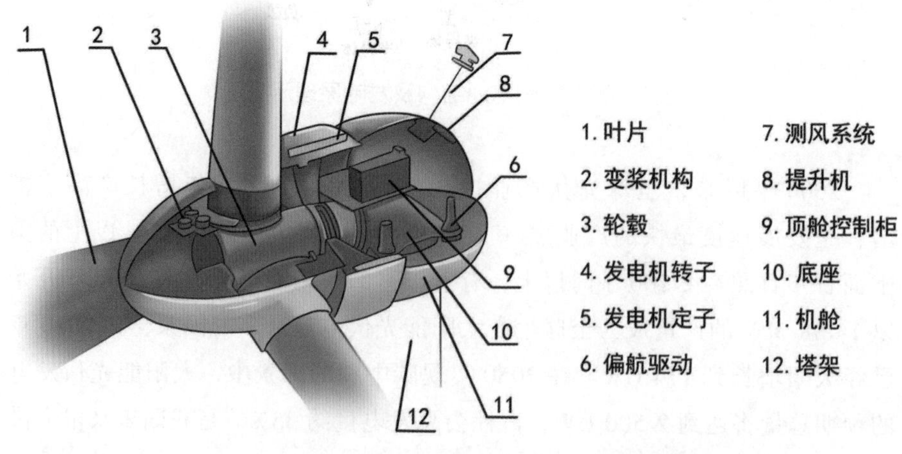

图2-31 风力发电系统组成及机舱设备示意图

瓦到几百兆瓦的大容量机组，可以通过大电网的电能补偿从而更加充分地开发及利用资源，是当前国内外风能发展的主要方向。由于其模块化设计、建设工期短、实际占地面积小、自动化运行度高等特点，是当前全球大型风力发电的首选。相比于并网型风力发电系统，离网型风力发电系统具有成本低、应用灵活、维护简便等优点，故十分适用于相对偏远、电网无法有效覆盖的地区。近些年来，随着全球风力发电产业的快速发展，离网型风力发电系统发挥了越来越大的作用。由于其规模较小、灵活性强，其除了与其他能源组成互补系统，用于道路照明、通信电源等之外，小型风力发电机组还可以结合蓄电池等储能设备作为分布式电源系统的重要组成部分。

2. 风能利用的发展趋势

人类对于风能的利用有着悠久的历史，数千年前人们就利用风车汲水、用风帆驱动船舶行进。到了 1973 年世界石油危机以后，在常规能源告急和全球生态环境恶化的双重压力下，风能逐渐获得更多的关注，获得了长足的发展。2020 年，全球新增风力发电装机容量超过 90 GW，比 2019 年增长 53%，总装机容量达到 743 GW，比 2019 年增长 14%。全球新装机容量最大的 3 个市场是中国、美国和巴西，这 3 个市场加起来占 2020 年全球装机容量的 75% 以上，如图 2-32 所示。

我国风力资源丰富，东南沿海及其岛屿是最大的离岸风能资源区，内蒙古 - 甘肃北部、黑龙江 - 吉林 - 辽东半岛沿海则是我国主要的陆域风能资源区。1988 年在乌鲁木齐市建成的达坂城风电场是中国风电的摇篮，之后

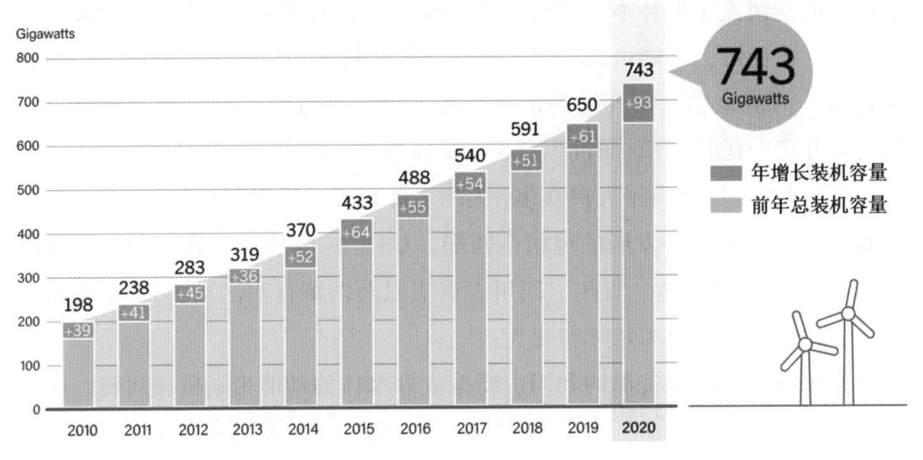

图 2-32　2020 年新增装机容量市场占比

（数据来源：全球风能委员会（GWEC））

相继建成了内蒙古辉腾锡勒风电场和浙江临海括苍山风电场(图2-33(a)),前者是当时亚洲规模最大、后者则是世界相对海拔最高的风力发电厂。2021年6月,甘肃酒泉建成了我国第一个千万千瓦级风电基地,也是当今世界上最大的风力发电场,是我国继西气东输、西电东送和青藏铁路之后,西部大开发的又一标志性工程,被誉为“风电三峡”(图2-33(b))。在碳中和的政策下,风电作为未来电力供应的核心技术之一,有着广阔的发展前景。

(a)浙江临海括苍山风电场

(b)甘肃酒泉千万千瓦级风力电场

图2-33 风电场

(三)水能和海洋能

1. 水能资源和水电技术

水能也称水力资源,为了与本节后半部分将要介绍的海洋能有所区分,这里一般指河流中循环不息的水流及其落差所蕴藏的能量。作为自然界广泛存在的一次能源,水能可以通过水电站方便地转换为电能进行利用。我国幅员辽阔,河流众多,可开发的水能资源占世界总量的15%,理论蕴藏总量约为6万亿千瓦时/年,居世界首位。总体来看,我国水能资源有三大特点:(1)总量丰富,但是由于人口众多,人均资源量只有世界平均值的70%;(2)分布不均匀,与经济发展的现状不匹配,如图2-34所示,我国的水能资源有约70%分布在广西、贵州、四川、重庆以及西藏自治区;(3)受季风的影响,江河水量年内和年际变化大。

我国古代对水能资源的利用主要是依靠水体的动能带动机械运转,取代人力和畜力进行生产加工。比如汉代的“水碓”“水排”等装置(2-35)。随着近代的第二次工业革命,发电成为水能利用的主要方式。水电站动力设备主要包括水轮发电机组、调速系统和辅助设备系统等。当具有势能和动能

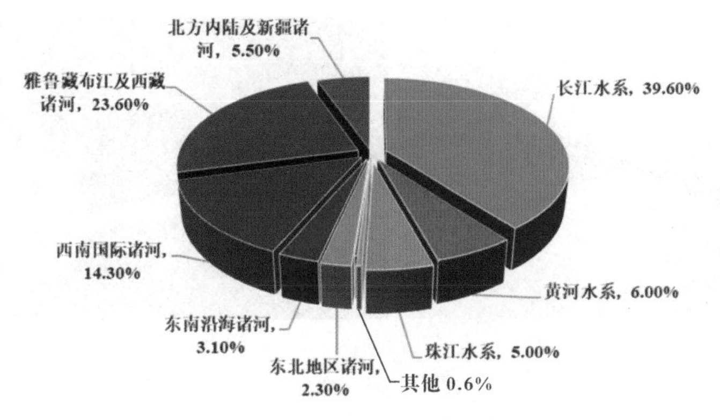

图 2-34　中国水能资源分布图

图 2-35　《天工开物》中记载水碓舂米装置

的水流过水轮机时，将其能量转换为水轮机的机械能，促使水轮机转动，通过水轮机主轴带动发电机旋转，励磁后的发电机转子随发电机轴旋转，形成一个旋转的磁场，发电机定子绕组因切割磁力线而产生电能。在水轮机调节系统和发电机励磁系统的控制下，产生的电能以稳定的频率和电压输送到电力系统或电能用户。

按集中河道落差的方式，水电站可以分为堤坝式水电站、引水式水电站、混合式水电站和抽水蓄能式水电站等几种基本类型。比如目前世界上规模最大的三峡水电站就是最为常见的堤坝式设计，建造中的河北丰宁水电站运行投产之后将成为世界最大的抽水蓄能式水电站，如图 2-36 所示。

2. 水电技术发展和未来展望

水力发电与传统火电相比，具有以下几个突出特点：（1）水能资源是一种典型的可再生能源，水力发电无污染；（2）具有广泛的综合利用价值，除发电外，同时还可取得防洪、灌溉、航运、供水、渔业等综合效益；（3）不消耗燃料，节约了燃料开采和运输的大量成本；同时机电设备相对简单、

（a）湖北三峡水电站

（b）建造中的河北丰宁水电站

图 2-36　水电站

易于实现自动化，管理运行成本低；（4）可根据供求平衡灵活地进行贮蓄和调节，提高供电的经济性和水力资源的利用程度。

1912 年，中国大陆第一座水电站，装机 480 kW 的云南昆明石龙坝水电站建成发电，如图 2-37 所示。新中国成立后，我国的水电事业蓬勃发展。到 2005 年，全国的水电总装机已达 1.15 亿千瓦，居世界第一位，占全国电力工业总装机容量的 20%；2019 年底更是达到 3.56 亿千瓦。总体来说，我国水力资源丰富而开发程度较低，在 2060 年碳中和的愿景中随着清洁电力需求的大幅提高，水电将凭借技术的成熟度以及成本的优势成为可再生能源发展的优先选择，而容量为 0.5 MW~12 MW 的小型水电站和抽水蓄能电站将作为未来分布式能源的重要一环，成为新的发展方向。

3. 海洋能利用技术和发展趋势

海洋总面积为 3.61×10^8 平方千米，占地球表面的 70%。约含有 135 000 万立方千米的水，占地球上总水量的 97%。广袤的海洋蕴藏着丰富的资源，除了矿产、化学、生物资源外，还有以机械能、热能、化学能等方式存在的“海洋能”，包括潮汐能、波浪能、温差能和盐差能等。由于海洋

图 2-37　云南石龙坝水电站

能的种类繁多，其发电原理也各有不同，依据能量利用的来源，主要分为三种类型：

（1）机械能。海洋中的潮流、海流等涌动时具有十分强大的动能和势能，故而可以利用机械装置将这些海洋里的机械能转换成电能，比如潮汐和波浪发电技术。

（2）温差能。海水的温度会随着深度的不同而发生变化。利用高温表层海水和低温底层海水之间20℃的温差可以使合适的低沸点工质通过蒸发冷凝的热力过程推动汽轮机，实现温差发电。

（3）盐差能。海水中富含盐分，利用淡水和浓海水在混合时二者水位差产生的渗透压差可以驱动水轮发电机组发电，将浓度差转化成势能再转化成电能进行利用。

以潮汐发电为例，它的原理类似于水力发电，主要利用海水涨落时形成的水势能。一般潮汐能的大坝建在河口或者海峡海湾处，形成一个天然水库。拦海大坝里的发电机组就利用潮汐涨落时产生的势能推动水力涡轮发电机组发电。我国的潮汐能量相当可观，蕴藏量为1.1亿千瓦，可开发利用量约210万千瓦，每年可发电580亿度。坐落在浙江温岭市的江厦潮汐试验电站于1980年投入运行以来，已稳定工作40余年，年发电量达1 000万千瓦时，如图2-38所示。

就目前而言，各种海洋能资源的发展尚未形成规模化应用，主要受限于复杂的洋流环境、较高的建设运营成本以及较低的技术开发成熟度等。但由

图2-38　温岭江厦潮汐试验电站

于全球海洋面积辽阔，海洋资源丰富，而海洋能资源具有清洁、无污染、储量大和可再生的特点，在2050零碳图景下，发展海洋能资源，既能应对沿海地区高速发展带来的电力需求，又能有效调整能源结构，具有良好的开发潜力。

（四）核能

世界上一切物质都是由原子构成。轻原子核的聚合和重原子核的分裂都能放出能量，简称核能。虽然核能并不属于可再生能源，但由于地球蕴藏着丰富的铀、钍等裂变资源，大海中更是可以提取不少于20万亿吨的核聚变资源，核能被认为是未来最具希望的理想清洁能源。

1. 核能发电原理和反应堆技术

核电站是指通过适当的装置将核能转变成电能的设施。核反应堆是其中的核心部件，作用相当于火电站的锅炉，以核燃料在核反应堆中发生特殊形式的“燃烧”产生热量，使核能转变成热能。世界上核电站以裂变反应堆为主，以图2-39展示的铀核裂变反应为例，当用一个中子轰击铀-235原子核时，它会分裂成两个质量较小的子原子核，同时产生2~3个新的中子并释放约200兆电子伏特的能量；新产生的中子则会轰击另一个铀-235原子核从而引发链式裂变反应并不断地释放核能。1千克铀原子核全部裂变释放出来的能量，约等于2 700吨标准煤燃烧时所放出的化学能，威力巨大。

除了核心的反应堆之外，核电站的其他常规系统和设备会利用核反应堆加热水产生蒸汽，将原子核裂变能转化为热能；随后蒸汽压力推动汽轮机旋

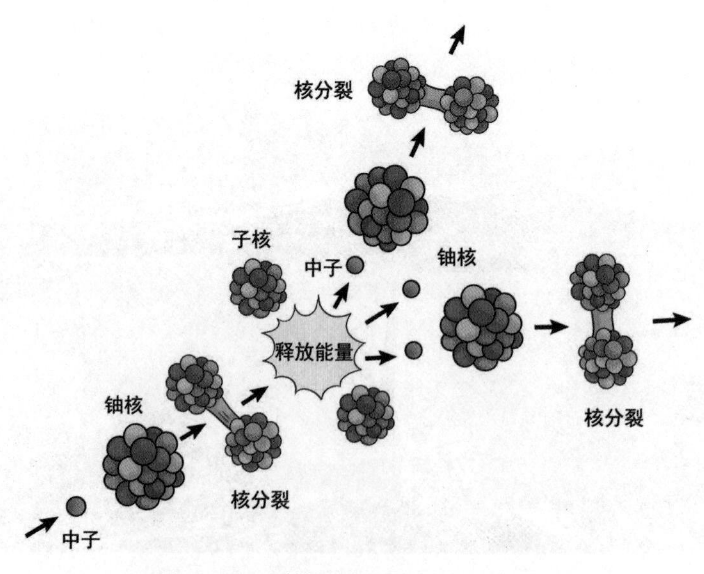

图2-39　铀核裂变反应过程示意图

转将热能转化为机械能；最后汽轮机带动发电机旋转，将机械能转变成电能。完整的工作原理如图 2-40 所示。

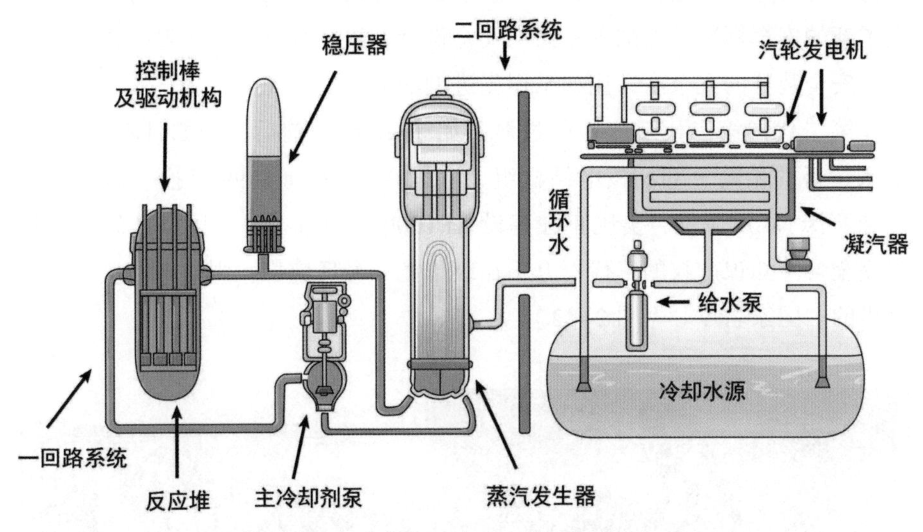

图 2-40　核电站反应堆工作原理

自第二次世界大战结束以来，各国都认识到核能蕴藏的巨大潜力，投入了大量的资金和人力进行研发，核反应堆技术获得了巨大的发展。目前世界上主力堆型是二代堆，正向三代过渡过程中，而第四代反应堆正在研发过程中。我国第一座自主研发的秦山核电站（图 2-41）就是第二代反应堆。从世界各国的工业经验反馈中，第二代反应堆与前一代相比更加成熟可靠，从经济和环境方面验证了核电的优势，特别是核电的价格与传统火电相比非常

图 2-41　中国秦山核电站

有竞争力，废物排放大大降低。第三代先进反应堆的发展要求始于1979年美国三里岛核事故，主要目标是要提高反应堆的安全性。虽然原理上跟目前运行中的反应堆相近，但是技术上汲取了现有反应堆几十年的运行经验，确立了新的安全标准并增加了一系列安全设计，进一步降低事故发生概率、增加了安全装置的冗余度，比如采用先进型的双层安全壳。

第二代向第三代反应堆的过渡开始于2000年前后，例如日本1997年投入运行的柏崎·刈羽核电站机组，法国在1996和1999年投入运行的舒兹和希沃N4反应堆，美国正在建设AP1000反应堆等。我国最新研发、具有完全自主知识产权的三代百万千瓦级华龙一号反应堆，则是中国核电走向世界的“国家名片”（图2-42）。

图2-42　华龙一号核电站

2. 核能技术前景展望

核能技术经过不断地发展完善，已经成为许多国家电力系统的重要组成部分。未来的第四代裂变反应堆系统，无论从反应堆设计还是从燃料循环方面都将有重大的革新和发展，并且在节能减排方面发挥更大的作用。在国内外核能综合利用快速发展的背景下，国际原子能机构（IAEA）定义的300 MW以下“小型堆”技术将成为现阶段我国核能综合利用的“主力军”。据统计，截至2017年，世界范围内正在研发56种多用途综合利用的小型堆技术。除了发电领域之外，还在分布式制氢、海水淡化、区域供热等领域存在广阔的市场空间和利用价值。

另一方面，控制和利用核聚变能则需要历经更加长期、艰苦的研发历程。20世纪90年代，在欧美的几个大型托克马克装置上，聚变能研究取得突破性进展，初步验证了其科学可行性。目前，由欧盟、中国、韩国、俄罗斯、日本、印度和美国七个成员参加的国际热核聚变实验堆计划（ITER）是目前全球规模最大、影响最深远的国际合作项目之一，也是仅次于国际空间站的又一重大国际科学工程计划。该计划汇集了当今国际主要的科学和技术成果，致力于“人造太阳”技术走向实用，预期在21世纪中叶实现聚变能的商业化，推动全球零碳战略的发展。

（五）生物质能

生物质是指通过光合作用而形成的各种有机体，包括所有的动植物和微生物。生物质能是仅次于煤炭、石油、天然气之后的第四大能源，在整个能源系统中占有重要的地位。作为一种可再生能源，生物质能源分布广泛、资源丰富。通常把主要的生物质资源划分为农作物类（甘薯、各种秸秆、小麦）、林作物类（碎散木材、残留树枝、锯末）、水生藻类、光合成微生物以及工农业有机废弃物等几大种类，如图2-43所示。据估计，世界全部生物质存量约为1.9万亿吨，每年新产生的生物质约为1 700亿吨，折算成标准煤850亿吨或油当量600亿吨，极具开发潜力。世界各国尤其是发达国家都在积极开展生物质能应用的研究，相关的利用技术取得了飞速发展，将在下文进行详细介绍。

图2-43　不同生物质的来源

1. 生物质能的利用技术

生物质能技术主要包括生物质发电、生物液体燃料、生物燃气、固体成型燃料、生物基材料及化学品等。目前，生物质发电和液体燃料产业已形成一定规模，将在本节内容进行重点介绍。

（1）生物质发电技术。

生物质发电技术是最成熟、发展规模最大的现代生物质能利用技术，主要包括直接燃烧发电、气化发电、垃圾发电、沼气发电以及与煤混合燃烧发电等技术。直燃发电是指把生物质原料直接送入特定锅炉中燃烧，产生高温、高压蒸汽推动蒸汽轮机做功，最后带动发电机产生清洁高效的电能。生物质直燃发电技术成熟，产业推动较快。目前在丹麦、芬兰、瑞典、荷兰等欧洲国家，以农林生物质为原料的发电厂有300多座，丹麦的农林废弃物直接燃烧发电技术处于世界领先水平。东南亚国家在以稻壳、甘蔗渣等为原料的生物质直燃技术也取得了一定的发展。国内最大的生物质发电厂坐落在广东湛江，总装机容量达到100兆瓦（2×50），如图2-44所示。

图2-44 广东湛江生物质发电厂

生物质气化发电技术是将各种低热值固体生物质资源（如农林业废弃物、生活有机垃圾等）置于气化炉内加热，通过气化反应产生CO、H_2、CH_4等高品位生物质燃气，进入燃气发电机组发电的技术，如图2-45所示。生物质气化生成的可燃气经过处理可用于工业合成、取暖、发电等不同用途，对于生物质原料丰富的偏远山区意义十分重大，不仅能改变他们的生活质量，而且能够提高用能效率，节约能源。我国中小型生物质气化发电技术应用一直处于国际领先行列，已经成功研制了从10千瓦到400千瓦的不同规格的气化发电装置，为国际上中小型生物质气化发电应用最多的国家之一。

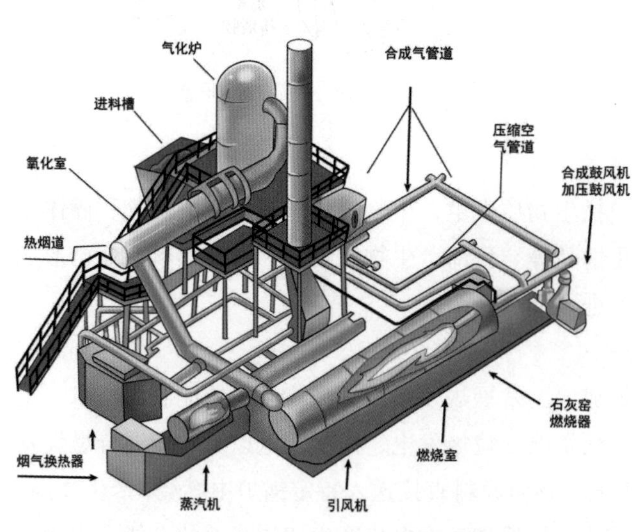

图2-45 生物质气化发电装置结构示意图

（2）生物质液化技术。

除了直接燃烧、气化等发电应用，

生物质是唯一可以直接转化为液体燃料的可再生能源。不仅能够弥补化石燃料的不足，而且有助于保护生态环境、降低碳排放。生物质液化是通过生物化学或热化学方法将生物质部分或全部转化为液体燃料。比如化学法主要是指利用水解、发酵等手段将生物质转化为乙醇等燃料；热化学法主要包括快速热解液化和加压催化液化等。从产物来分，生物质液化可分为制取液体燃料（乙醇、生物油等）和制取化学品。由于制取化学品需要较为复杂的产品分离与提纯过程，技术要求高，且成本高，目前还处于实验室研究阶段。

燃料乙醇作为一种新型生物燃料，技术上成熟安全可靠，是目前世界上生物燃料的发展重点。继美国、巴西之后，我国已成为世界上第三大生物燃料乙醇生产国和使用国。在可选的原料中，虽然利用粮食等淀粉质原料生产乙醇是工艺成熟的传统技术，但我国作为人口大国很难出现大量的粮食剩余。因此从原料供给及社会经济来看，用含纤维素较高的农林废弃物生产乙醇是更加理想的路线。这项工艺中先需要把木质纤维素催化水解制取葡萄糖，然后将葡萄糖发酵转化为燃料乙醇。这项工艺如果能够取得技术突破，在未来几十年将有很好的发展前景。除了乙醇之外，利用植物油、动物油、废弃油脂等原料制成的生物柴油也是典型的“绿色能源”，具有低碳环保、发动机起动性能好、原料来源广等优势。

如图 2-46 所示为生物燃料从原料制备到终端用户的全过程。

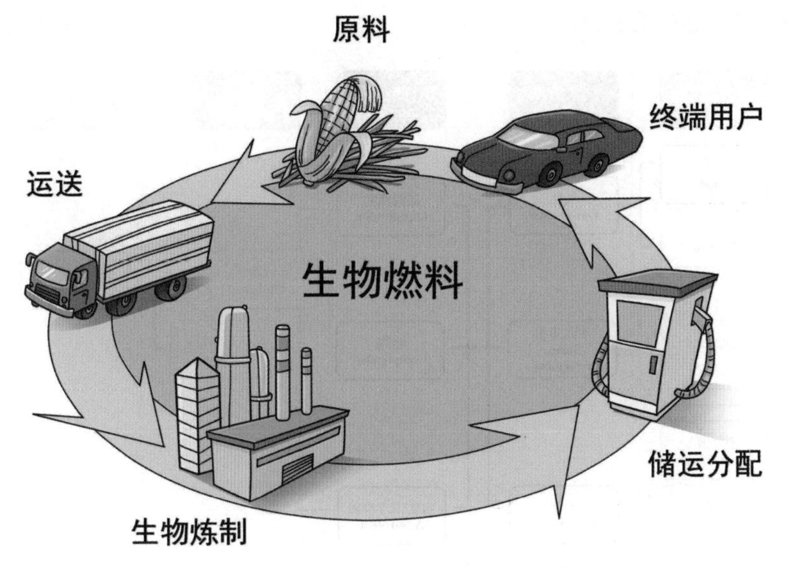

图 2-46　生物燃料全生命周期示意图

2. 生物质能发展前景

受世界性能源危机的影响，西方国家从 20 世纪 70 年代开始重视开发清洁能源，利用秸秆等生物质能进行发电，目前已经形成非常成熟的产业。以建成投运世界第一座秸秆生物燃烧发电厂的丹麦为例，目前已有一百多家秸秆发电厂，秸秆发电等多种可再生能源占到了国家总能源消费的 25% 左右，成为世界各国发展生物质发电的标杆。我国虽然起步较晚，但随着近年来国家出台一系列相关政策，从 2015 年到 2020 年生物质发电装机容量飞速增长。据《中国生物质发电产业发展报告》显示，截至 2020 年底，我国生物质发电累计并网装机容量达到 2 962.4 万千瓦，连续三年位列世界第一。随着碳中和目标的确立，作为零碳能源的生物质有望成为碳中和利器，迎来新的“红利期”。目前，生物质气化发电处于产业商业化推广阶段，具有规模灵活、投资较低的优势。液体燃料、生物天然气等产业也已经起步，呈现良好发展势头。随着政策扶持力度的逐步加大和技术自主创新攻关的加强，未来生物质能将在我国能源供给结构中发挥更加重要的作用。

（六）氢能

氢能作为一种清洁的二次能源，储量丰富、来源广泛、能量密度高，是构建未来多元能源供给系统的重要载体。它的开发与利用已经受到世界各国的高度重视，成为新能源技术变革的重要方向。本节内容将简要介绍氢能源的制取、储运、应用三大相关方向（如图 2-47 所示）以及燃料电池这种未来氢能利用的核心技术。

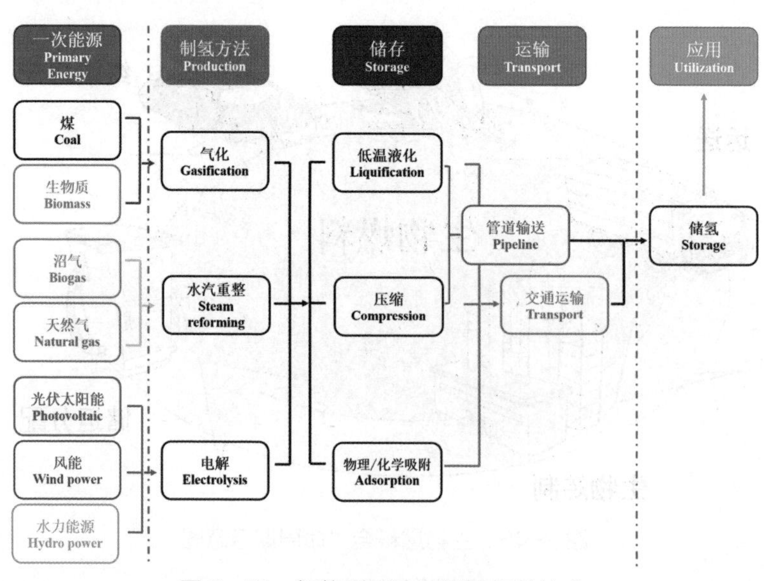

图 2-47　氢能利用流程图和相关技术

1. 氢能利用概述

人类对于氢气的利用有着悠久的历史。早在 19 世纪初，氢气就被尝试作为内燃机的燃料。20 世纪 70 年代开始，伴随着“氢能经济”概念的提出，以氢燃料电池为代表的高效发电装置逐渐实现广泛的应用，成为步入新世纪以后前景最为广阔的新能源技术之一。

作为氢能利用的基础，目前氢气制取的主流工艺包括热化学和水电解制氢两大方向。热化学法以目前使用最广泛的天然气为例，相关工艺先通过天然气水蒸气重整（反应 1）生成合成气（CO 和 H_2），再经过水气置换（反应 2）把 CO 转化成 CO_2 便于后续的氢气净化和碳捕集。虽然化石能源制氢技术成熟、也有着突出的成本优势，但是消耗非可再生的一次能源制氢并不能摆脱对于传统能源的依赖，还会产生大量的碳排放。通过这种工艺制得的“灰氢”不符合我国低碳转型的发展需求。

$CH_4+H_2O \rightleftharpoons CO+3H_2$　　$\Delta H=206\ kJ/mol$　　反应 1

$CO+H_2O \rightleftharpoons CO_2+H_2$　　$\Delta H=-41.2\ kJ/mol$　　反应 2

电解水制氢工业有着悠久的历史，但是在传统模式下利用电网发电制氢成本昂贵，是化石能源制氢的 2 ~ 3 倍。利用风能、太阳能等可再生能源，一方面可以解决能源本身间息性特点导致的弃光、弃风问题，另一方面可以节约电力资源。世界各国发展了众多的技术来进行“蓝氢”和“绿氢”的制取（分别对应碳中性和无碳），比较有代表性的包括核能制氢、生物质热解制氢、光解水等，相关的技术路线图如图 2-48 所示。

储运是衔接氢气制取和应用两大环节的重要桥梁。氢气有着较高的质量能量密度（120 MJ/kg），约为石油、天然气的 2 ~ 3 倍。但因为它的低密度，氢气的体积能量密度很低，仅仅只有天然气的 1/3。图 2-49 展示了几种不

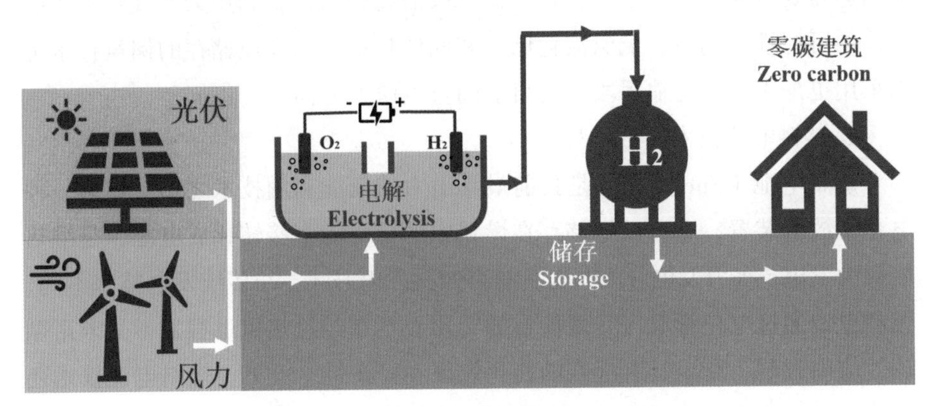

图 2-48　可再生能源制氢技术路线图

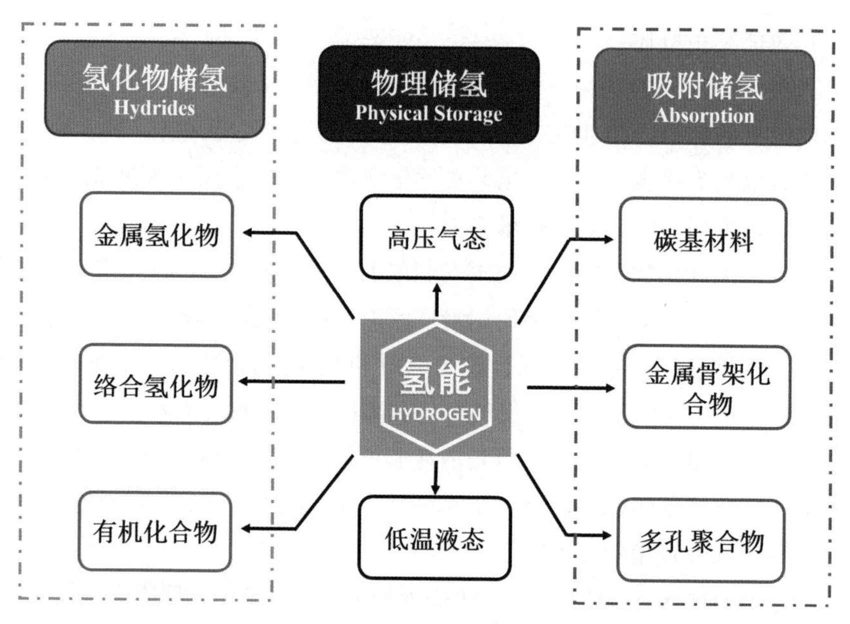

图 2-49　不同类型的储氢技术图

同类型的典型储氢技术。主流的储氢技术可以分为物理储氢和化学储氢两大方向，其中高压气态储氢是一项成熟工艺，通过将氢气压缩，以高密度气态形式储存在耐高压的容器中，是目前世界应用最广泛的储氢技术。随着耐高压容器在材料和设计上不断取得突破，已经成为目前氢燃料电池汽车的主流选择。其他类型的储氢技术，比如低温液化储氢、基于不同介质材料的吸附储氢等，受到技术成熟度、成本以及安全性方面的瓶颈的制约，目前仍处于研发和小型示范阶段。由于氢气的高效输送需要考虑应用的储氢技术、输送距离等因素，目前还处于发展初期，一般采用长管拖车和管道两种方式。管道输运需要巨大的装置建造投资，现阶段需要积极探索利用天然气管网掺氢运输的可行性。同时，低温液化储氢和固体材料作为介质储存的储氢技术可以采用更加丰富的运输手段，是目前的重点研发方向。

2. 燃料电池技术

燃料电池（Fuel Cell）是目前最具潜力的氢能利用技术之一。作为一种电化学放电装置，它可以把储存在燃料中的化学能直接转化成电能，是继热能火力发电、水力发电、核电之后的第四代发电技术。与传统发电技术不同，燃料电池通过电化学反应实现能量的转化而不用经过热机过程，不受卡诺循环效应的限制，所以具有很高的转化效率和经济性。此外，燃料电池技术还具有环境污染小、噪音低、可靠性高、建设维护方便等优点。作为一种绿色高效的新型发电模式，它在新一轮能源革命以及 2050 零碳图景中有着重要的地位。

燃料电池虽然也叫“电池”，它的工作原理和常见的原电池有着显著的差异。燃料电池无法储能，本质上是能源转换装置，类似于发电机。不同类型的燃料电池有着相似的工作模式，主要由阴极、电解质和阳极三个相邻区段组成，如图 2-50 所示。实际工作中，燃料气和助燃剂分别被通入电解质两侧的阳极和阴极。在阳极一侧，燃料（比如氢气、烷烃、醇等）在催化剂的作用下发生氧化反应并释放出自由电子和阳离子；另一侧的阴极则在催化剂的作用下发生氧化剂（通常是氧气）的还原反应，得到电子和阴离子；阴极产生的带负电荷的阴离子（比如氧离子 O^{2-}，图 2-48（a））或者阳极产生的带正电荷的阳离子（比如氢质子 H^+，图 2-48（b））通过电解质运动到对电极，参与电极反应并随着生成的反应物被排到电池外；生成的自由电子则在电势差的驱动下从外电路由阳极运动到阴极，为外部用电器提供电能。

在经历了 100 多年的发展历程后，现代燃料电池技术主要分为碱性燃料电池（AFC）、磷酸燃料电池（PAFC）、质子交换膜燃料电池（PEMFC）、熔融碳酸盐燃料电池（MCFC）和固体氧化物燃料电池（SOFC）等五种主要类型，在交通运输、可移动式便携电源、固定式电站、辅助动力装置、航空航天、水下潜器等民用 / 军用领域展现了广阔的应用前景，如图 2-51 所示。可以预见，在 2050 的零碳图景中，随着一系列“绿氢”“蓝氢”制备工艺的不断成熟，氢能不仅将在电力系统中发挥高效储能和灵活性调控的重要作用，更将在某些难脱碳行业（零碳钢铁生产、短途船运等）的减排工作中发挥关键的作用。

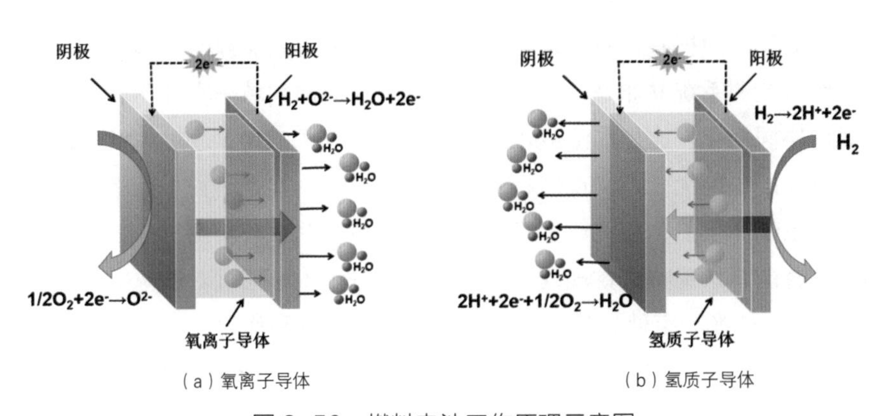

图 2-50　燃料电池工作原理示意图

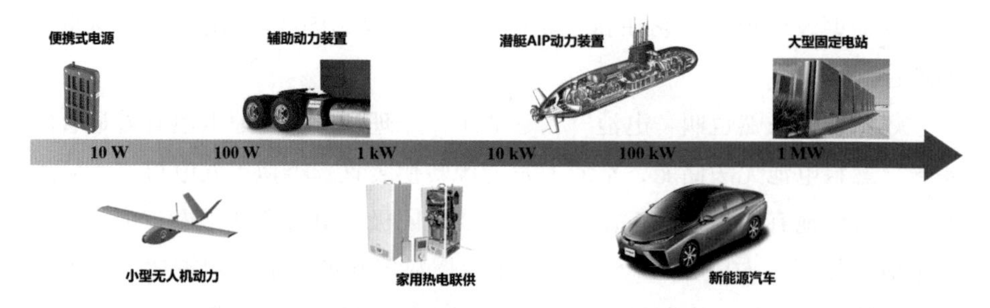

图 2-51　不同输出功率的燃料电池应用

五、综合能源系统

为了应对潜在的能源危机，“开源”和“节流”是两种核心策略。其中节流主要指提高能源的利用效率，减少消费终端的额外损耗；开源则是指积极开发、利用可再生能源以及其他类型的清洁能源。但是，传统的能源供给系统往往都是单独规划、独立运行、相互之间缺乏协调性，有着能源利用效率低、安全性较差、自愈能力弱等问题。随着 20 世纪 50 ~ 60 年代计算机技术、自动化控制、网络通信技术等领域的高速发展，能源领域也发生了重大的变革创新，先后出现了智能电网（Smart Grid）、综合能源系统（Integrated Energy System）和能源互联网（Energy Internet）三种重要理念。

本节内容要介绍“综合能源系统”。综合能源系统指一定区域内利用先进的物理信息技术和创新管理模式，打破“各自为战”的现有模式，统合整个区域的传统能源和可再生新能源，实现能源子系统之间的协同管理、削峰填谷、交互响应和优化运行，在满足系统内多元化能量需求的同时，有效地提高利用效率并且降低碳排放，如图 2-52 所示。目前，世界各国普遍认为基于可再生能源、信息化技术和智能电力系统组成的能源互联网，将成为第三次工业革命的核心，而综合能源系统正是未来智慧能源的“落脚点”。

综合能源系统并非是一个全新的概念，在能源领域一直存在着不同能量形式的协同优化。比如广泛应用的热电联供系统（CHP）通过高低品位的热能与电能的协调优化，实现燃料的高效利用，本质就是一种小范围的局部综合能源系统。目前，相关行业对于综合能源系统并没有明确统一的定义，本书的综合能源系统特指在规划、建设和运行过程中，通过对能源的产生、传输 / 分配、转换、存储、消费等环节进行有机协调和优化后，形成的能源产供销一体化系统，如图 2-53 所示。它主要包括供能网络（如供电、供气、供冷 / 热等网络）、能源交换环节（如 CHP 机组、发电机组、锅炉、空调、

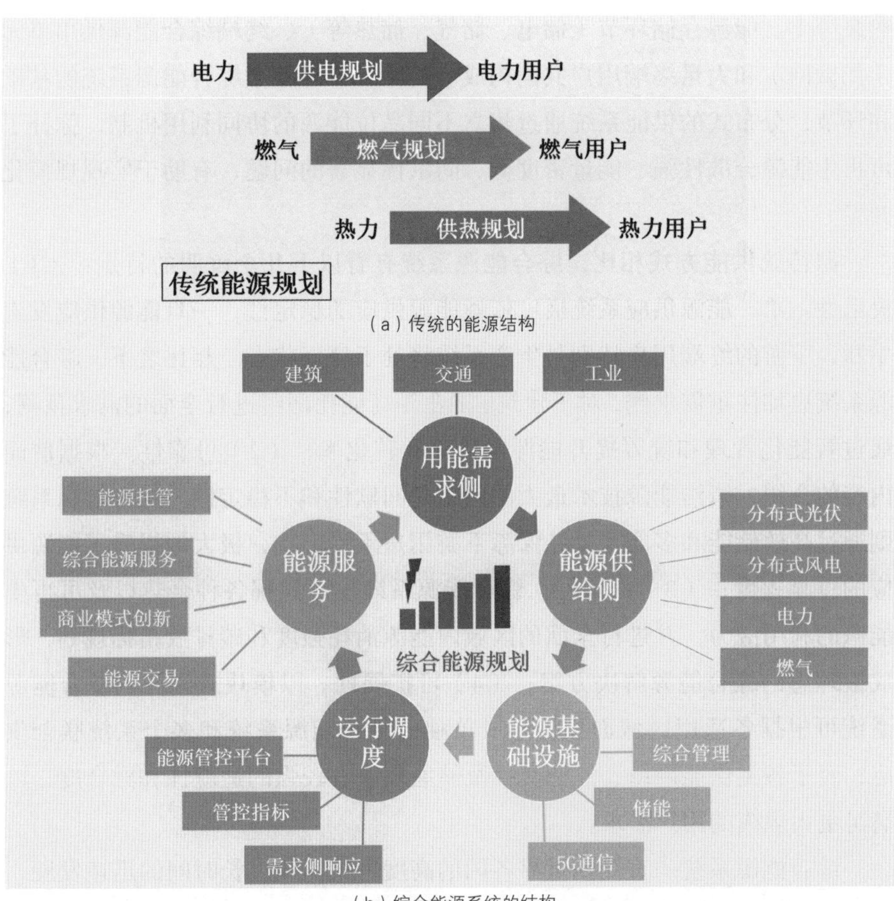

（a）传统的能源结构

（b）综合能源系统的结构

图 2-52 传统的能源结构和综合能源系统的结构对比

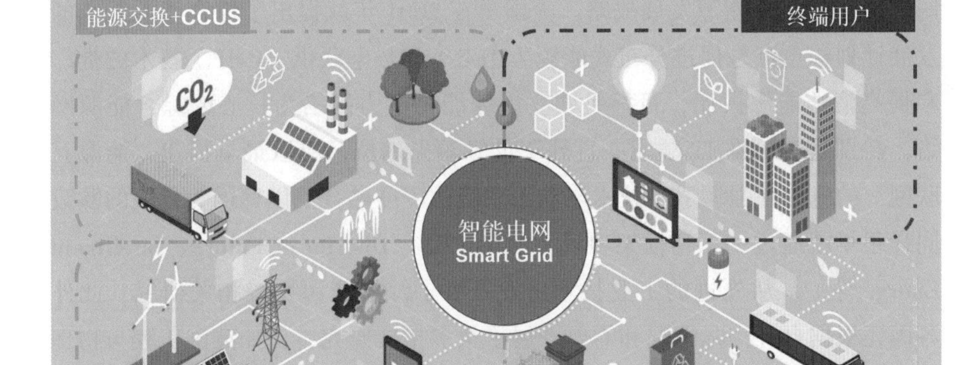

图 2-53　综合能源系统结构简图

热泵等）、能源存储环节（储电、储气、储热等）、终端综合能源供用单元（如微网）和大量终端用户共同构成。其中，作为整个综合能源系统的基础和环节，分布式的供能系统通过建立不同品位能源的协同利用机制，弥补了可再生能源分散性强、能量密度低、间歇性显著的问题，有助于实现规模化开发。

跟传统供能方式相比，综合能源系统有着以下几个鲜明的特点：（1）灵活性。单一能源供应系统极度依赖能源供应的稳定性，一旦能源供应发生中断，下游的终端用户特别是生产系统将处于瘫痪状态。相比之下，综合能源系统更加注重需求侧，对于建筑、工业等高能耗部门进行全面的需求预测，通过智能化管理和统筹提升能源的传输和转化率；（2）可靠性。根据前面内容的介绍，清洁能源技术最大的问题是间歇性和不稳定性。综合能源系统则通过高效储能和多能互补，保障下游用户不受影响，极大地提升了能源供应的可靠程度；（3）低碳性。综合能源系统注重挖掘各种余热以及可再生能源的利用潜力，并进行全面的区域内能源消耗强度和碳排放指标规划，形成最理想的综合能源解决方案；（4）可扩展性。以模块式划分的综合能源系统可根据各适用区域面积，形成单独的综合能源系统和多个系统联合供应，对于各类供能网络、能源交换及储能模块有较强的适应性和融合度，以满足更大规模的用户需求。

综合能源系统一直受到世界各国的高度重视，经过长时间的迅速发展，已经有了较为完善的概念、理论和技术体系，包括微电网、分布式能源、储能系统、通信控制保护等多个产业。不同国家都会结合自身需求和发展特点，制定相应的综合能源发展战略。美国早在 2001 年就提出了综合能源系统的发展计划，重点是促进分布式能源（DER）和热电联供（CHP）技术的推广和提高清洁能源占比，目标是建立以智能化电力网络为核心的综合能源网络。特别是美国在 IT 领域一直处于世界领先地位，所以最早提出“能源互联网”的概念并强调 ICT 技术与能源系统的深度融合。以德国为代表的欧盟同样很早就通过一系列框架项目（如 VoFEN、District of Future、Intelligent Energy 等），从先进的工业技术出发开展了综合能源系统相关研究。此外各国还根据自身实际情况和需要开展了很多拓展研究，比如英国工程与物理科学研究会（EPSRC）资助了一大批涉及可再生能源入网、能源间协同、建筑能效提升等方面的项目。我国虽然起步相对较晚，但随着政府出台一系列导向政策，已经启动了一系列与综合能源系统相关的重点研发项目，并与新加坡、德国等国家开展了广泛的国际合作。但由于我国供电、供热、供气公司各自独立运营，分属不同部门管理，因此需要因地制宜地选择适合我国国情的发展道路，推动实现2050零碳的愿景。

第二节　碳汇侧

一、碳汇的基本知识

（一）碳汇的定义

碳汇（carbon sink）是指从大气中清除CO_2的过程、活动或机制，比如森林植物吸收的CO_2在光合作用下转变为糖、氧气和有机物，为生物界提供最基本的物质和能量来源（图2–54）。这一转化过程，就形成了固碳效果。碳汇的出现既是全球工业化时代高能耗，高污染的缩影，也是解除全球气候困境的措施。

图2–54　森林植物固碳机理

（二）碳汇的分类

当前碳汇概念已从传统碳汇发展到生态碳汇阶段，生态碳汇是对传统碳汇概念的拓展和创新：不仅包含过去人们所理解的碳汇，即通过植树造林、植被恢复等措施吸收大气中CO_2的过程；同时还增加了草原、湿地、海洋等生态系统对碳吸收的贡献以及土壤、冻土对碳储存碳固定的维持。

1. 森林碳汇与林业碳汇

森林碳汇是指森林植物吸收大气中的CO_2并固定在植被与土壤当中，从而减少CO_2浓度的过程、活动或机制（图2–55）。有关资料表明，森林面积虽然只占陆地总面积的1/3，但森林植被区的碳储量几乎占到了陆地碳库总量的一半。

图 2-55 森林碳汇

而当森林碳汇与管理政策包括碳贸易结合，就形成了林业碳汇。即利用森林的储碳功能，通过造林、再造林、退化生态系统恢复、森林保护、森林可持续经营管理等活动，吸收和固定大气中的 CO_2，并按照相关规则与碳汇交易相结合的过程、活动机制。林业碳汇是目前成本最低的减缓全球变暖的办法。

有很多文献将森林碳汇和林业碳汇混为一谈，实际上，森林碳汇与林业碳汇是不同的。

从概念上看，森林碳汇是指所有森林生态系统的固碳过程；林业碳汇是通过实施造林与再造林和森林管理，减少毁林等活动实现固碳并与碳汇交易结合的过程。

从属性上看，森林碳汇是专指生态系统中能量、信息流动的过程，只具有自然属性；而林业碳汇既具有自然属性，又具有社会经济属性。

从范围上看，森林碳汇的碳汇来源是整个森林系统，而林业碳汇的来源是造林与再造林项目的林木。

2. 草原碳汇

现阶段草原碳汇的定义，是草原生态环境所包含的草原植物将空气中 CO_2 等气体吸收并且固定在植被和土壤中的过程。即草原植被对碳排放气体的吸收过程。

作为仅次于森林的第二大碳库，我国天然草原面积占国土总面积的 41.7%，碳储量（含沼泽草地）占陆地生态系统碳储量的 30%；我国草原植物层和土壤层的总固碳能力达到近 20 亿吨，约相当于 178 亿人的年呼出量、33 亿辆汽车的 CO_2 年排放量。因此，草原碳汇具有巨大潜力，草原的增汇减排功能将在完成碳达峰、碳中和目标中发挥重要作用（图 2-56）。

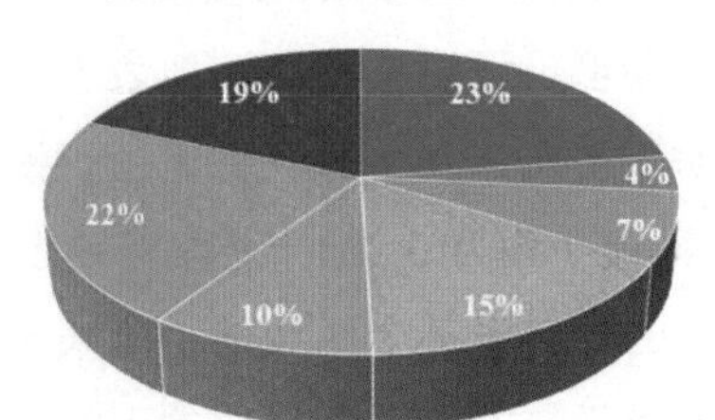

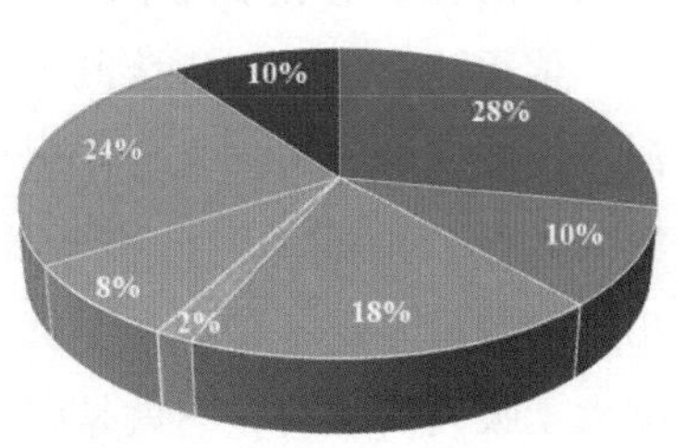

图 2-56　中国草原植被（左）和草原土壤（右）碳密度的空间分布（港澳台地区数据缺失）

需要注意的是，发展草原碳汇并不意味着要对畜牧业进行限制。

首先，我国有大约 30% 的草原由于坡度大、交通不便、水源缺乏、气候恶劣等因素，并不能为畜牧业所利用；其次，为保护草原生态环境，我国对不少草原实施了禁牧封育等保护措施；再次，草原既有可食性牧草，也有大量不可食牧草，草原碳汇可以更侧重不可食牧草。草原植被已经长期适应了恶劣的气候变化环境，是地球上抗逆性最强的植被，应对气候变化更为适应，今后应对气候变化的行动应更多聚焦于草原。

3. 土壤碳汇

土壤里的有机碳最初都来源于大气。植物先通过光合作用将 CO_2 转化为有机物质，然后有机物里的碳通过根系分泌物或者残枝落叶的形式进入土壤，并在土壤中微生物的作用下转变为土壤有机质，形成土壤碳汇（图 2-57）。简单来说就是土壤可以通过植物从大气中吸收、转化、存储 CO_2。

土壤有机碳是陆地生态系统的主要碳库。最新的研究发现，土壤有机质包含 2/3 的陆地碳，相当于大气中二氧化碳所含碳的 2~3 倍。根据《第二次气候变化国家评估报告》，中国土壤碳库的储量约为 1 029.6 亿吨，占生态系统中碳的 81.2%，而作为陆地生态系

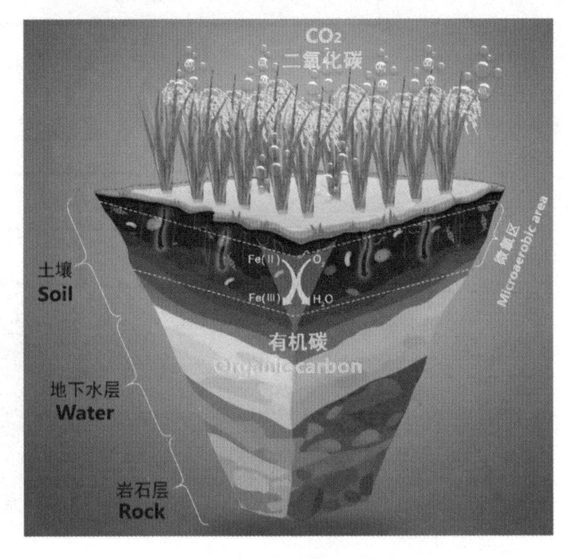

图 2-57　土壤固碳过程

统主体的森林生态系统中土壤碳占61%左右。可见，土壤固碳有着巨大潜力。

值得注意的是，土壤既可能是碳汇也可能是碳源。地表土壤通过呼吸、河流侵蚀搬运、植物光合作用与动植物残体凋落等各种途径，使有机碳在土壤－大气、土壤－生物和土壤－河流（海洋）之间进行着频繁的交换，其出入的数量是受各种因素干扰制约的。对于某个区域的土壤来说，当释放的碳大于吸收的碳时，它就是碳源；当吸收的碳大于释放的碳时，它就成了碳汇。但整体上来说，良好的土壤能储存的碳是远大于释放出去的碳的。

4. 湿地碳汇

湿地通常是指有水或潮湿的地方，常见的自然湿地有江河、湖泊、海岸滩涂、水库、池塘、沼泽地等。《湿地公约》中湿地定义为：天然或人工，长久或临时性的沼泽地、泥炭地或水域地带，静止或流动的淡水、半咸水、咸水水体，包括低潮时水深不超过6米的水域。

湿地是地球表层系统中的重要碳汇，对于吸收大气中的温室气体，减缓全球气候变暖有重要作用。光合作用的过程使无机碳转变成为植物形式的有机碳，在许多生态系统中，植物会被降解，碳则以二氧化碳的形式重新回到大气中；而湿地含有大量未被分解的有机物质，因此起着碳库的作用（图2-58）。

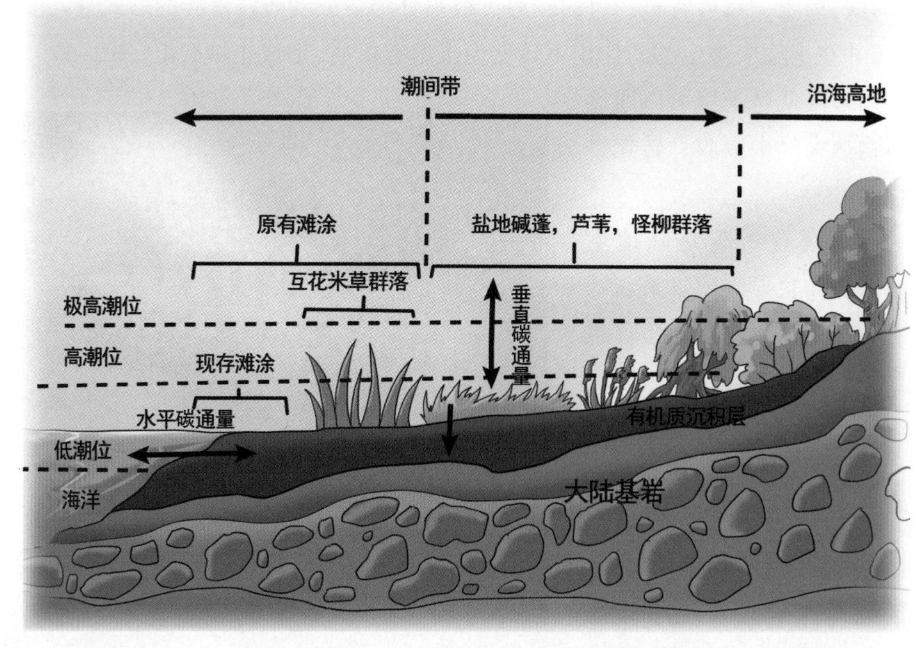

图2-58　中国滨海湿地主要生态类型的相对地理分布及其储碳机制

湿地生态系统相比陆地生态系统的优势在于长期持续的固碳能力。

在陆地生态系统中，随着植物的生长和土壤有机质的累积，其植物和土壤呼吸释放的碳会持续增加，其固碳能力在几十年到百年尺度上会达到饱和，此时植物通过光合作用吸收的碳与系统内植物、微生物和动物呼吸释放的碳会达到平衡，系统净固碳能力趋于零。而湿地中有机物分解很慢，并且随着水流的冲刷，沉积物不断增加并被埋藏到更深的土层，因此这些沉积物中的碳能够在百年甚至更长时间尺度上处于稳定状态而不会释放回大气中，从而实现稳定持续的储碳。

5. 海洋碳汇

海洋碳汇又称蓝色碳汇，是指利用海洋活动及海洋生物吸收大气中的二氧化碳，并将其固定、储存在海洋中的过程、活动和机制，主要特指海草床、盐沼和红树林三种生态系统。

海洋储存了地球上约 93%（约为 40 万亿吨）的二氧化碳，每年可清除 30% 以上排放到大气中的二氧化碳，是地球上最大的碳库。而红树林、海草床和盐沼作为三大滨海蓝碳生态系统，具有极高的固碳效率，虽然这三类生态系统的覆盖面积不到海床的 0.5%，植物生物量也只占到陆地植物生物量的 0.05%，但其碳储量却高达海洋碳储量的 50% 以上。

如图 2–59 为 CO_2 在海岸带植物和大气之间、海水和大气之间的转化，

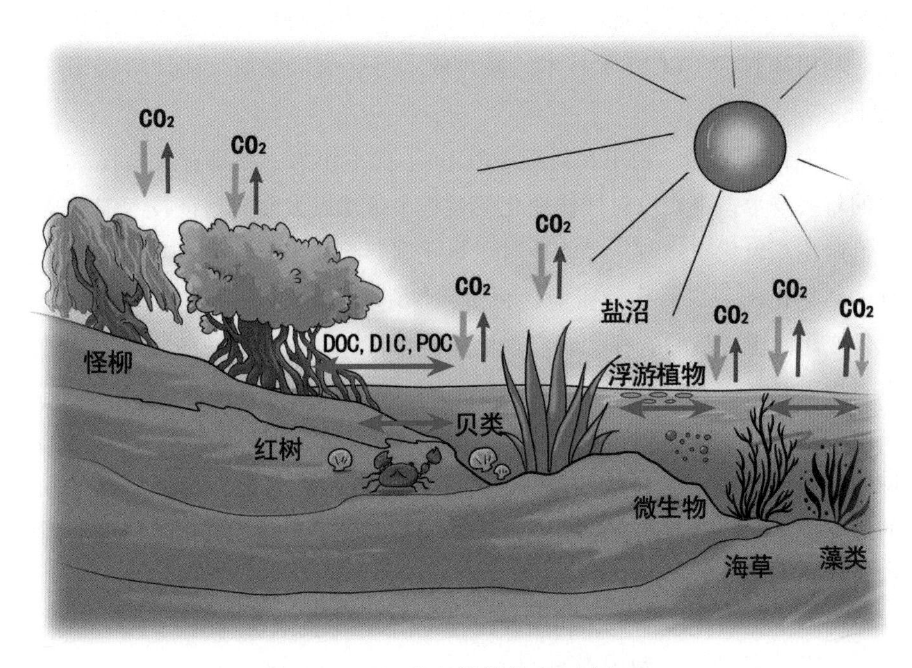

图 2–59　近海交错带蓝碳固碳机理

溶解有机碳(DOC)、溶解无机碳(DIC)、颗粒碳(POC)在海水中的交换转化以及在底泥的蓄积。红色箭头表示 CO_2 排放到大气中，绿色箭头表示 CO_2 的吸收，蓝色箭头表示 DOC、DIC、POC 的交换和沉积。

6. 冻土碳汇

多年冻土是指温度在 0℃或低于 0℃至少连续存在两年的岩土层。冻土区土壤碳库超过全球土壤碳库的 50%，约为大气碳库的 2 倍，其微小变化会对大气二氧化碳浓度产生重要影响，在全球碳循环中起着重要作用。在碳汇功能方面，多年冻土中存储着大量的有机碳，冻土区的气候变暖可能显著改变该区域生态系统碳循环过程：一是促进冻土区植被生长；二是刺激微生物分解；三是化学风化固碳效应增强。进而可能会打破生态系统中碳输入与输出之间的平衡，引起该区域土壤碳库的显著变化。但由于缺乏有效的观测资料，学术界迄今仍不清楚气候变暖背景下冻土区土壤有机碳库究竟如何变化。

二、碳捕集、封存与利用技术

在 2020 年第 75 届联合国大会上，中国国家主席习近平提出中国将努力争取在 2060 年前实现碳中和，为实现这一目标，采用二氧化碳捕集、利用和封存(CCUS)技术是最重要的措施之一。政府间气候变化专门委员会(IPCC)第 5 次评估报告认为，假如不使用二氧化碳捕集、利用和封存(CCUS)技术，几乎没有气候模式能实现深度碳减排目标。更为关键的是，没有二氧化碳捕集、利用和封存（CCUS）技术，减排成本将会成倍增加，估计增幅平均高达 138%。

二氧化碳捕集、利用和封存（CCUS）技术作为一项具有大规模减排潜力的新兴技术，将在应对气候变化的过程中带来巨大改变。该技术能够从源头上避免二氧化碳排放，并能通过二氧化碳移除技术大规模地减少大气中已有的二氧化碳。二氧化碳捕集、利用和封存（CCUS）技术是中国应对世界气候变化的重要战略选择，对实现国家减排目标、促进经济环境可持续发展有着重要意义。

现代工业生产中 CO_2 排放的来源很多，如水泥、钢铁、电力、煤炭、化工、炼油厂等。针对 CO_2 排放问题，各行业在二氧化碳捕集、利用和封存方面的研究探索基础上，结合各行业自身特点，形成了多种二氧化碳捕集、利用和封存技术手段。

（一）二氧化碳捕集、利用和封存（CCUS）技术与应用

二氧化碳捕集、利用和封存（CCUS）技术是由碳捕获与封存（Carbon

Capture and Storage,CCS）技术发展而来的，不仅仅是将 CO_2 从工业排放源中捕集，输送到封存地点进行封存，而是对 CO_2 进行提纯，继而投入到新的生产过程中，实现循环再利用。与 CCS 相比，将 CO_2 资源化能产生经济效益，更具有现实性，同时也可以大规模减少温室气体排放、减缓全球变暖。

二氧化碳捕集、利用和封存（CCUS）技术体系是实现碳中和目标的重要途径，是推进全球低碳发展的主要方向。二氧化碳捕集、利用和封存（CCUS）技术的进步主要体现在各个行业链中 CO_2 的捕集、利用再到封存的新技术不断涌现，种类日益增多以及技术方面更加完善。二氧化碳捕集、利用和封存（CCUS）的示意图如图 2-60 所示。

在传统的二氧化碳捕集、利用和封存（CCUS）技术的基础上，生物质能碳捕集与封存（BECCS）和直接空气碳捕集与封存（DACCS）的出现推动了负碳技术的进步，受到了高度重视。生物质能碳捕集与封存（BECCS）是指捕集生物质燃烧或转化过程中产生的 CO_2，进行利用或封存的过程；直接空气碳捕集与封存（DACCS）则是直接从大气中捕集 CO_2，并将其利用或封存的过程。二氧化碳捕集、利用和封存（CCUS）技术环节如图 2-61 所示，二氧化碳捕集、利用和封存（CCUS）按技术流程分为捕集、输送、利用与封存等环节。

（二）碳捕集技术

碳捕集技术是通过分离、收集和净化的方式方将 CO_2 从燃烧后的废气

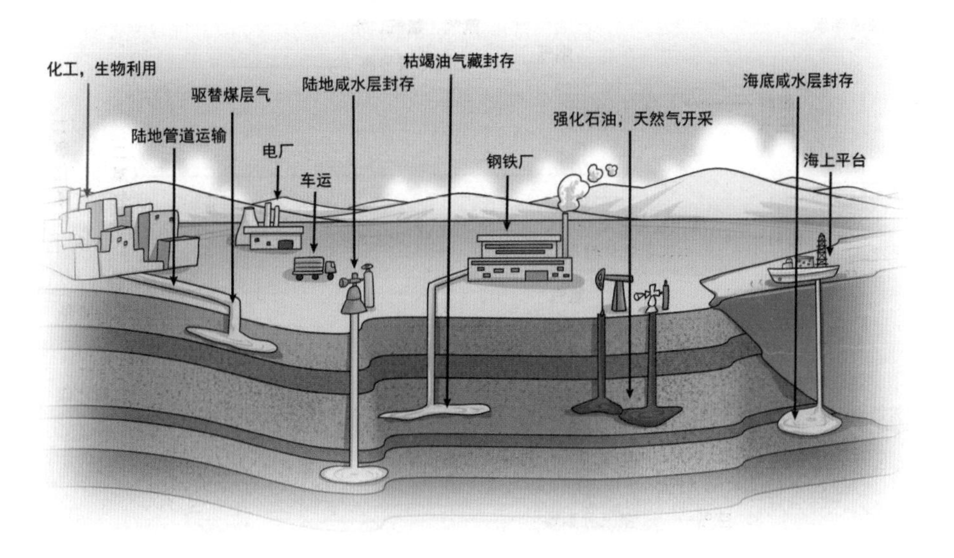

图 2-60 二氧化碳捕集、利用和封存（CCUS）体系路线图

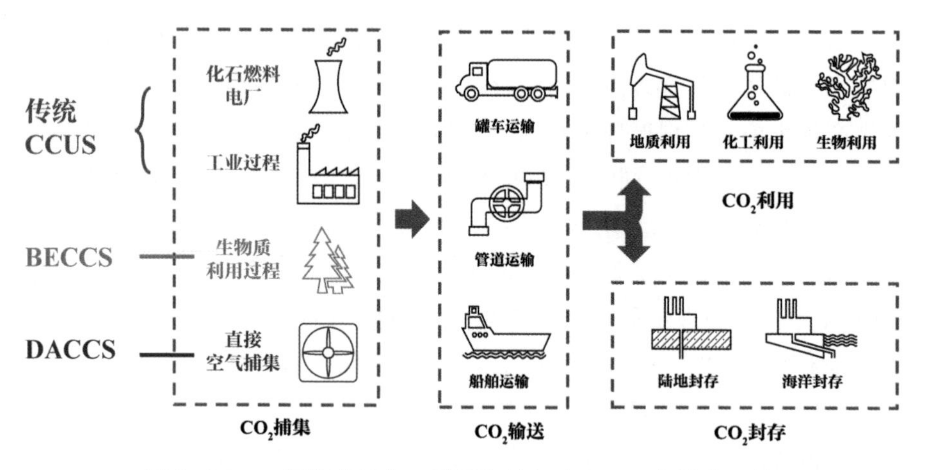

图 2-61　二氧化碳捕集、利用和封存（CCUS）技术环节

或燃烧前的气体中分离出来，将 CO_2 作为气体产物，是碳捕获与封存二氧化碳捕集、利用和封存（CCUS）技术的第一步。主要分为燃烧前捕集、富氧燃烧、燃烧后捕集。各技术路线的典型工艺如图 2-62 所示。

燃烧前碳捕集技术是指将煤气、天然气以及合成气等可燃气体中的 CO_2 进行分离与捕集的技术。燃烧前捕集技术大多是基于整体煤气化联合循环（Integrated Gasification Combined Cycle，IGCC）。高压状态下，化石燃料与氧气、水蒸气在气化反应器中分解，经冷却后，送入变换器，进行催化重整反应，生成以 H_2 和 CO_2 为主的水煤气，并对其进行 CO_2 分离，获得的高

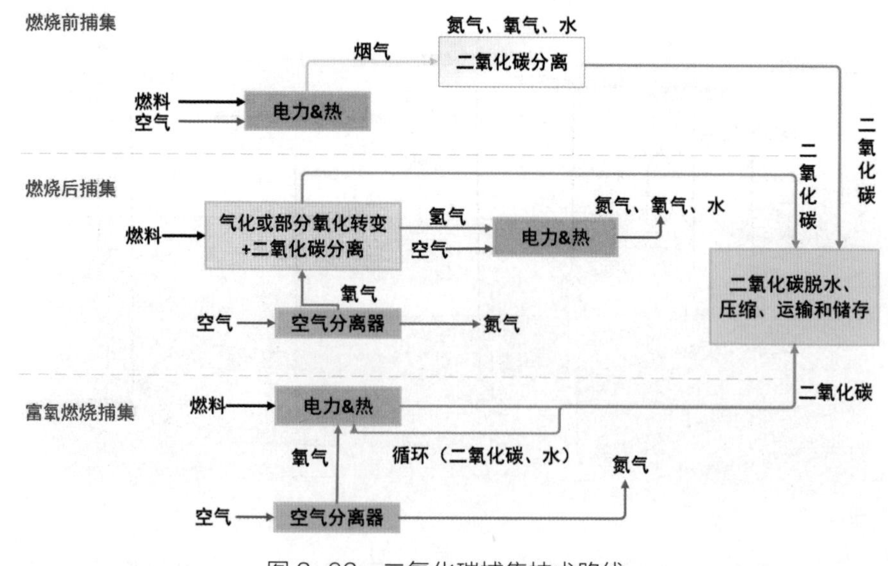

图 2-62　二氧化碳捕集技术路线

浓度 H_2 作为燃料送入燃气轮机。燃烧前碳捕集技术有燃烧前气体杂质低、捕捉 CO_2 浓度高和分压高等优点，可采用工艺广泛，能耗低，分离设备尺寸小，投资低。然而，IGCC 发电技术仍面临着投资成本太高，可靠性还有待提高等问题。

富氧燃烧捕捉，又称过制氧技术，是将空气中大比例的 N_2 脱除，直接采用高浓度的 O_2 与抽回的部分烟气的混合气体来代替空气，通过不断的 CO_2 循环和富集使得烟气中 CO_2 浓度不断升高，高浓度的 CO_2 气体可以直接进行处理和封存。具有成本低、易规模化、适于存量机组改造等优点，但同时也面临着制氧技术投资和能耗太高的问题。

燃烧后碳捕集技术是从燃料在空气中燃烧所产生的烟道气体中捕集分离 CO_2，该技术可以适用于低浓度 CO_2 的捕获，应用范围较广，对于现有的燃煤电厂省去燃烧过程和设施的改造，受到研究者的广泛关注。针对的目标主要是燃煤电厂的烟气，主要有流量大、CO_2 分压高和含 SO_2、NOx 杂质等特点。由于烟道气中 CO_2 的体积分数为 3% ~ 15%，需要 CO_2 结合力较强的化学吸收剂；由于常压和低浓度，CO_2 捕集的能耗和成本要高于燃烧前捕集技术，但常压设备投资和维护成本较低。化学吸收法、吸附法（变压、变温）和膜分离等办法是重要的捕捉分离办法（图 2-63）。应用区域广，系统原理简单，在技术应用上比较成熟是燃烧后捕集技术的重点优势。

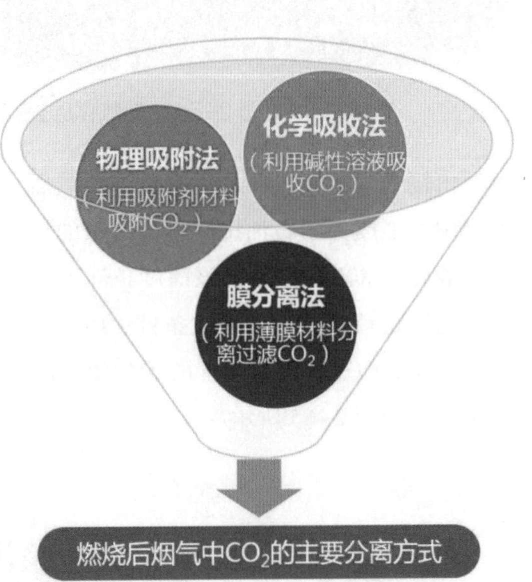

图 2-63　二氧化碳分离捕集的主要工艺

（三）碳封存技术

CO_2 封存技术是把大型排放源产生的 CO_2 捕获、压缩后运输到选定的地点长期保存，而不是释放到大气中，利用物理、化学、生化等方法，将 CO_2 封存百年甚至更长的时间。碳封存技术目前共有三大类别封存工艺，它们分别是地质封存、海洋封存和地表封存。CO_2 封存的主要技术如图 2-64 所示。

1. 地质封存

地质封存是基于自然界储存化石燃料的机制，把 CO_2 封存在地层中，

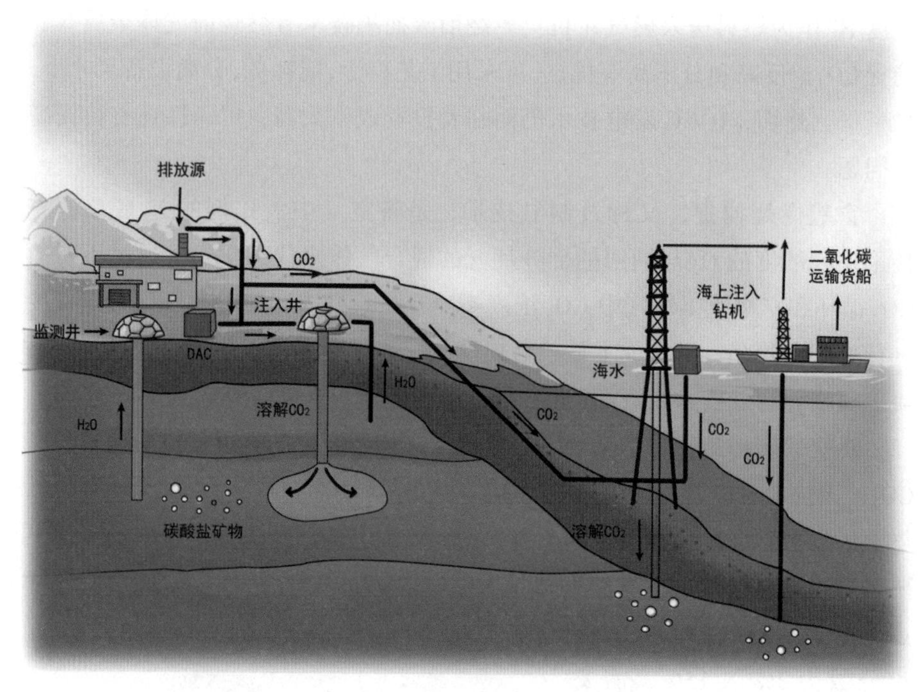

图 2-64　二氧化碳封存的主要技术

可经由输送管线或车船运输至适当地点后，注入特定地质条件及特定深度的地层中，如废弃的石油田，不可开采的煤田以及高盐含水层构造等。封存深度一般要在 800 m 以下，该深度条件下 CO_2 处于液态或超临界状态。高盐含水层构造是较新的一种地质条件，CO_2 注入含盐水层后，矿物地层与其发生化学反应，CO_2 转化为无害的碳酸盐沉淀下来，可以保存上百万年。地质封存示意图如图 2-65 所示。

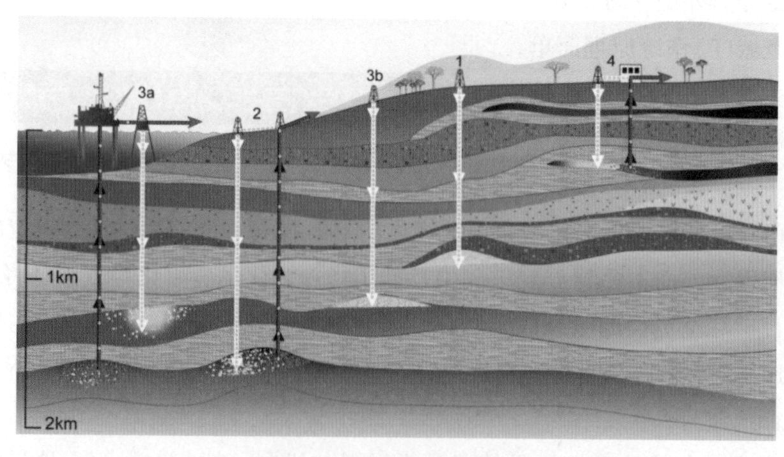

图 2-65　地质封存示意图

我国国土辽阔，地形地势种类多，因此国内陆地上有很多可以开展 CO_2 封存的地方，我国 CO_2 地质封存适用性分为四类，包括：I（禁止/不适用）、II、III 和 IV（适用性增加）。

强化采油 (Enhanced Oil Recovery，EOR) 技术可以通过 CO_2 把煤化工或天然气化工产生的碳源和油田联系起来，实现较好的经济生态效益。该技术将捕集来的 CO_2 注入油田中，促进枯竭的油田再次出油的同时，也将 CO_2 永久地封存在地下，可以实现碳捕集封存和提高原油采收率的双重目的。

CO_2 驱油的主要原理是增加原油内能、降低原油黏度，从而增加油层压力并提高原油流动性。在加压情况下向井中注入 CO_2，在 700 m 以上的深度，CO_2 变成超临界状态，作为一种很好的溶剂，从岩层中释放石油和天然气，将它们冲到井口。

强化采油技术首次尝试于 1972 年，是成熟油气井的常用技术。作为二次驱油机制，注入 CO_2 将油气储层中的剩余油气驱出，是目前最受欢迎的一种强化采油方法。注入 CO_2 强化采油的具体原理如图 2-66 所示。

2. 海洋封存

海洋封存的基本原理是 CO_2 在水体中有不低的溶解度，利用庞大的海洋对 CO_2 进行大面积封存。CO_2 海洋封存的潜在容量远大于化石燃料的含量，海水吸收 CO_2 的能力取决于大气层的 CO_2 浓度和海水的化学性质。海洋封存主要有湖泊型和溶解型两种封存方式。湖泊型海洋封存是指将 CO_2 送入到

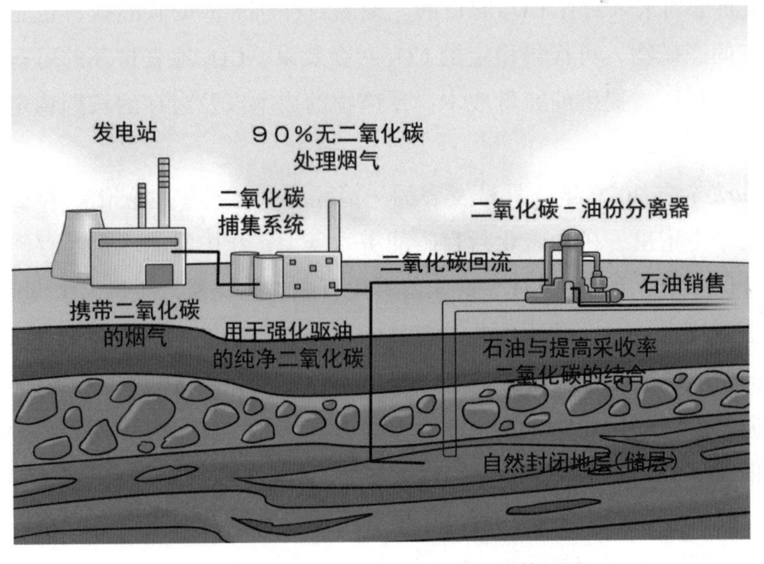

图 2-66 注入 CO_2 强化采油具体原理

地下 3 000m 的深海里，海水密度小于 CO_2 密度，CO_2 变成液态，形成 CO_2 湖，推迟 CO_2 分解到环境中的进程。溶解型海洋封存即将 CO_2 运送到深海中，被溶解和消散的 CO_2 随后会成为全球碳循环的一部分。海洋封存的具体示意图如图 2–67 所示。

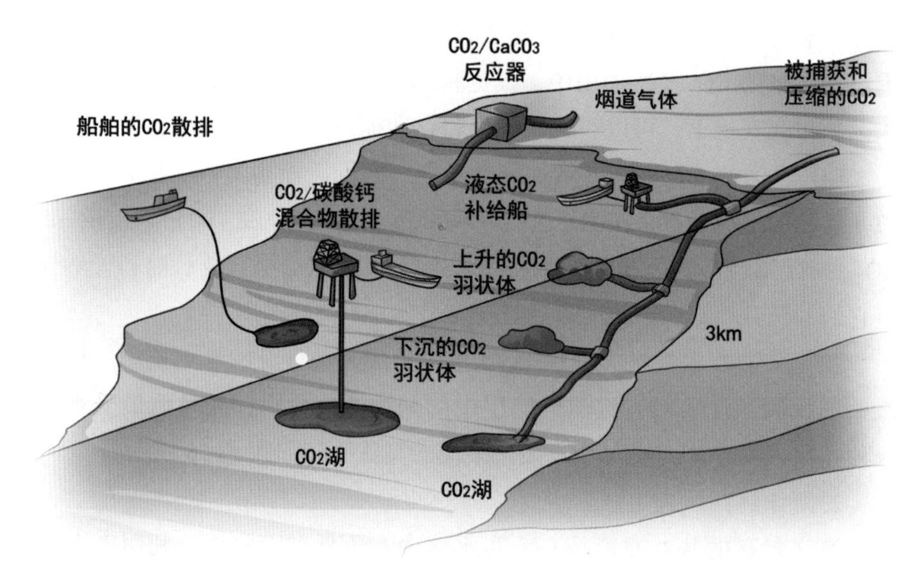

图 2–67　海洋封存的具体示意图

3. 地表封存

地表封存是指经过一系列复杂的化学反应将 CO_2 转化为一些稳定的碳酸盐，从而达到永久封存 CO_2 的目的。地表封存所形成的碳酸盐，也是自然界的稳定固态矿物，可提供稳定的 CO_2 封存效果。CO_2 地表封存的可行性取决于封存过程所需提供的能量成本、反应物的成本以及封存的长期稳定性三个因素。

Nature 杂志 2020 年 2 月号发表的一篇题为《通过矿物碳化封存二氧化碳》的文章中指出，矿物碳化封存碳的潜力巨大，洋中脊的理论封存能力约为 100 万亿 ~ 250 万亿吨 CO_2，这比所有化石燃料燃烧所产生的 CO_2 量还大，该技术更具成本效益。矿物碳化封存技术的未来指出在向沉积盆地注入 CO_2 不可行的情况下，原位矿物碳化可以提供一种安全和经济的选择，需要大量努力来通过矿物碳化加速二氧化碳封存的部署。

（四）碳利用技术

CO_2 是一种多用途分子，通过化学方法转化为燃料、化学品、建筑材料以及聚合物等，所以对于 CCS 技术的改进产生了二氧化碳捕集、利用和封存（CCUS）技术，对 CO_2 进行利用。近年来，国内外碳利用有很多新兴的利用方向，如荷兰和日本均有较大规模的将工业产生的 CO_2 送到园林，作为温室气体来强化植物生长的项目。国外碳利用技术还有 CO_2 制化肥、CO_2 制聚合物、CO_2 甲烷化重整、CO_2 加氢制甲醇、海藻培育、动力循环等。国内新兴的碳利用方向主要有 CO_2 加氢制甲醇、CO_2 加氢制异构烷烃、CO_2 加氢制芳烃、CO_2 甲烷化重整等。CO_2 的主要利用方式如图 2-68 所示。

基于我国的能源消费结构以及化石能源仍将在很长一段时期内作为能源供应的主体，针对 CO_2 的转化利用技术即 CO_2 的可控性还原，将从零碳能源耦合二氧化碳的转化利用技术、甲烷－二氧化碳干重整转化利用技术、直接转化利用技术和微藻固碳技术进行详细的介绍。

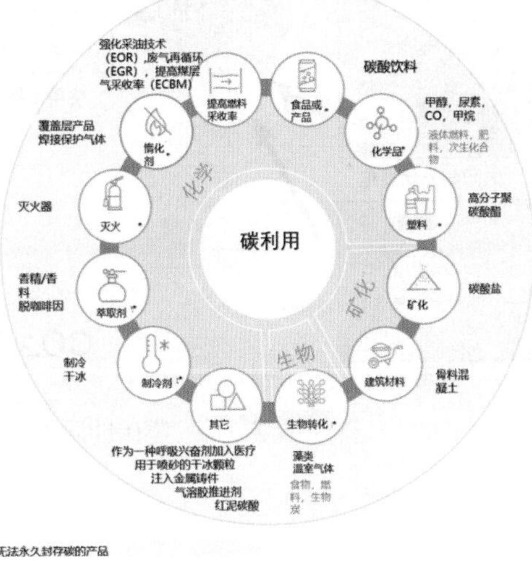

* 使用了碳但无法永久封存碳的产品

图 2-68　CO_2 利用方式

1. 零碳能源耦合二氧化碳的转化利用技术

零碳能源是指在能源生产、使用过程中不增加二氧化碳的排放，常见的零碳能源有太阳能、风能、潮汐能、核能、沼气等。通过零碳能源进行电解水制得的氢气（H_2）将 CO_2 转化为有用的化学品或燃料，将同时帮助解决大气中 CO_2 浓度增加导致的环境问题、化石燃料的过度依赖以及可再生能源的存储问题，目前，CO_2 资源化利用的研究主要集中在 CH_3OH、甲酸（HCOOH）、CH_4 和一氧化碳（CO）等简单小分子化合物的合成。零碳能源耦合二氧化碳的转化路线如图 2-69 所示。

甲醇是重要的化工基础原料，主要由天然气或煤经合成气 (H_2+CO) 制备。近年来随着人们对温室 CO_2 气体排放的日益关注，CO_2 加氢制甲醇技术路线受到重视。将 CO_2 转化为甲醇等高附加值燃料或化学品是一个很好的选择。CO_2 加氢合成甲醇一方面可以利用 CO_2 合成化工原料，实现碳氢源的循环利用；另一方面可以与新能源电解制氢衔接，实现氢资源的储存。

CO_2 加氢制备甲醇工艺流程如图 2-70 所示。

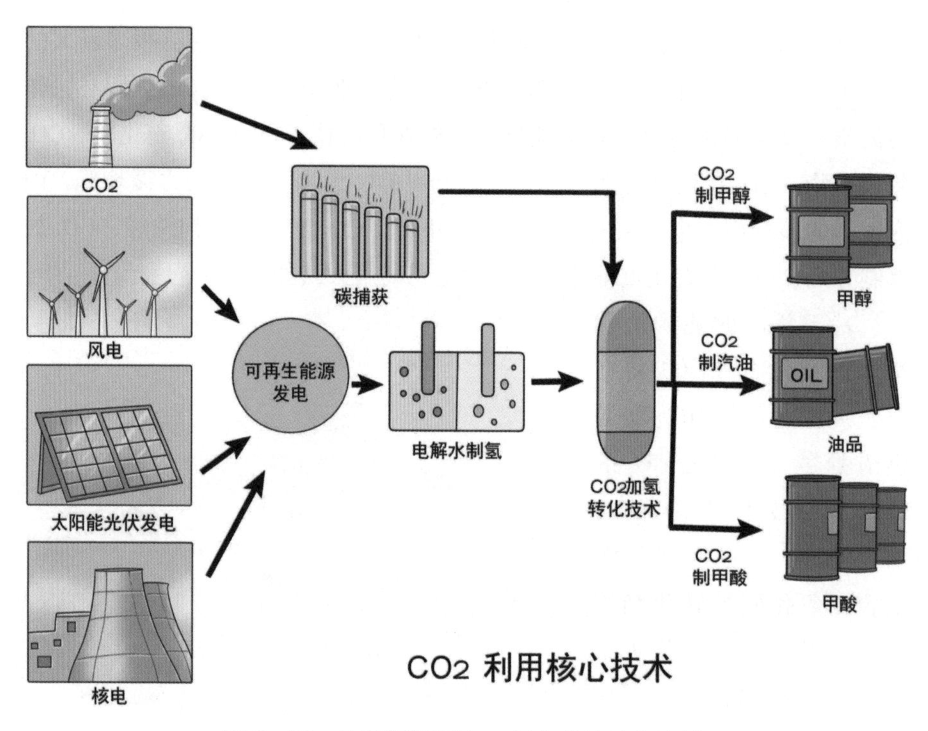

图 2-69　零碳能源耦合二氧化碳的转化路线

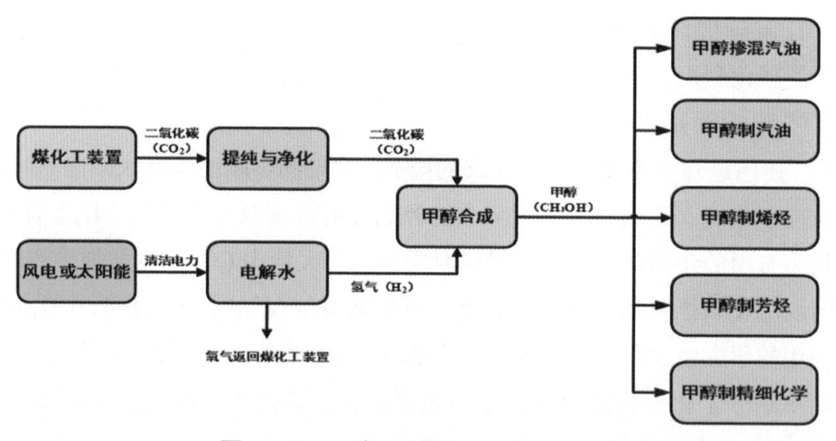

图 2-70　二氧化碳制甲醇路径示意图

日本三井化学公司在 CO_2 制备甲醇方面处于比较领先的位置，以燃烧废气为原料，通过加氢反应制备甲醇，选择性超过 99%，该公司开发的 100 吨 / 年二氧化碳（CO_2）制甲醇中试装置自 2009 年建成，已获得了十分有效的运行数据。

目前氢气制备过程和成本控制限制了 CO_2 制甲醇技术实现商业化应用。

业内专家指出，取得非化石能源的廉价氢源是实现该工艺的经济性的关键。

2. 甲烷－二氧化碳干重整转化利用技术

二氧化碳与甲烷作为重要的含碳资源，是影响全球气候变化的典型温室气体，可以在一定条件下转化为合成气（CO 和 H_2），即甲烷二氧化碳重整或者干重整。相比较传统的甲烷蒸汽重整，甲烷－二氧化碳重整可降低能耗和缓解温室气体减排压力，同时具有高效利用碳资源的经济价值，因此备受关注。

干重整过程产生氢碳比小于 1 的合成气，避免了甲烷水蒸气重整过程中合成气高氢碳的情况，可以直接作为费托（F–T）合成的原料，合成气直接制烯烃（FTO）。甲烷－二氧化碳干重整技术不仅可用于天然气的转化，而且还可广泛应用于工业弛放气、页岩气、煤层气和焦炉气等富甲烷气的场所。甲烷－二氧化碳干重整为核心的技术路线图如图 2–71 所示。

在国家科技支撑计划、中国科学院战略性先导科技专项“低阶煤清洁高效梯级利用关键技术与示范”等的支持下，中国科学院上海高等研究院、潞安集团和荷兰壳牌公司三方联合开展了甲烷－二氧化碳干重整制合成气关键技术的研究，实现了全球首套甲烷－二氧化碳干重整万方级装置的稳定运行，装置日转化利用 CO_2 60 吨，标志着我国重整技术处于国际领跑地位。装置如图 2–72 所示。

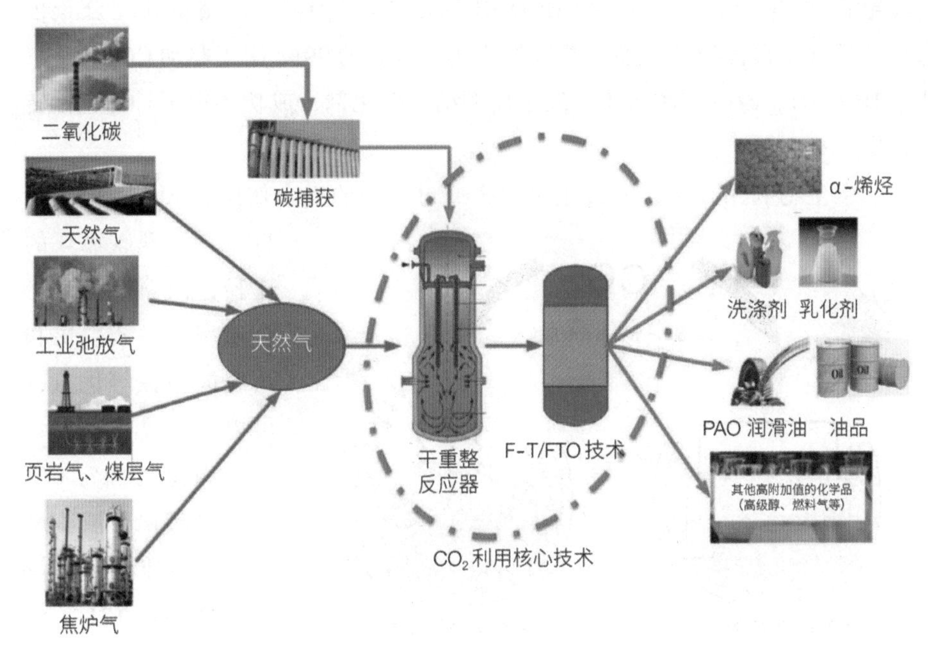

图 2–71　甲烷－二氧化碳干重整为核心的技术路线图

图 2-72　全球首套万方级甲烷 - 二氧化碳干重整制合成气装置

3. 其他碳利用技术

与传统化学方法还原 CO_2 相比，采用太阳能或者可再生的风电、太阳能发电以及富余核电等洁净电能来光催化或者电催化 CO_2 转化，节约了能源和氢气的使用。

在常温、常压条件下将 CO_2 直接一步转化为 CO、HCOOH、CH_3OH、碳氢化合物等燃料及化学品，同时实现了 CO_2 的资源化利用和洁净电能的有效存储，表现出极具潜力的应用前景。二氧化碳直接转化利用技术路线图如图 2-73 所示。

中国科学院上海高等研究院 - 上海科技大学低碳能源联合实验室，通过电催化 CO_2 还原转化生成 HCOOH 和乙醇（C_2H_6O），制备新型合金催化剂具有非常优异的性能，能够将所输入电能的 99% 用于驱动 CO_2 转化生成 HCOOH。该研究团队还开发了新型纳米催化剂，成功实现了 CO_2 直接转化生产 C_2H_6O。

微生物利用技术，通过生物体生命过程中的光合作用完成生物固碳是自然界实现碳循环的途径，微藻因为其光合速率高、繁殖快和适应能力强等优点，可以高密度地培养。采用微藻可固定 CO_2 并最终转化为液体燃料，至少可消耗自身质量 2 倍的 CO_2。微藻固碳技术有固碳效

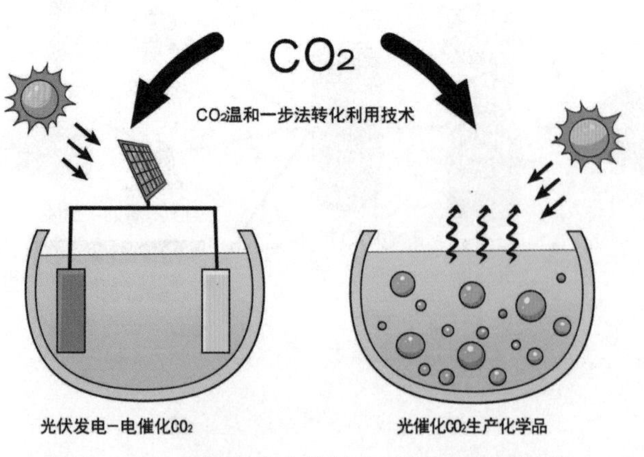

图 2-73　二氧化碳直接转化利用技术路线图

率高、环境友好，利于可持续发展等优势，同时生产具有高附加值的微藻产品，用于制备食品、肥料、有特殊用途的生物活性物质及生物燃料。微生物利用技术原理如图 2-74 所示。

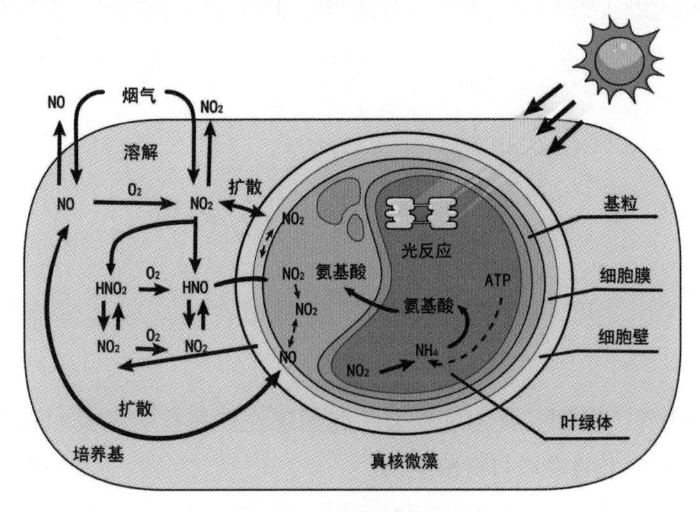

图 2-74 微生物利用技术

美国 Hypergiant 公司基于微藻固碳原理推出了 EOS 设备，直接从空气中捕集 CO_2，并将富含一定碳的微藻用于制备生产清洁的生物质燃料。EOS 设备的碳捕集效率极高，此设备有望成为未来微藻固碳应用的主流。Hypergiant 公司发布的 EOS 设备如图 2-75 所示。

（五）二氧化碳捕集、利用和封存（CCUS）项目主要进展

1. 全球二氧化碳捕集、利用和封存（CCUS）项目进展现状

国际上很多政府、组织、企业等积极推动二氧化碳捕集、利用和封存（CCUS）在全球的发展与布局，中国项目规模为 2 万吨以上，美国、挪威、加拿大为 40 万吨以上，如表 2-5 所示是 2019 年全球主要国家二氧化碳捕集、利用和封存（CCUS）项目与封存量。

图 2-75 Hypergiant 公司发布的 EOS 设备

表 2-5 2019 年全球主要国家二氧化碳捕集、利用和封存（CCUS）项目与封存量

国家	累计封存量/万吨	CCUS 年封存量/万吨	CO2 年排放量/万吨	项目数量/个
美国	>5 800（1972—2019年）	~2 100	514 520	9
中国	~200（2007—2019年）	10~100	942 870	10
挪威	~2 200（1996—2019年）	170	3 550	2
加拿大	~4 425（2000—2019年）	~300	55 030	4

除中国外，美国、日本和欧盟一些国家在二氧化碳捕集、利用和封存（CCUS）项目上的发展与贡献突出。

美国 2020 年新增 12 个二氧化碳捕集、利用和封存（CCUS）商业项目，在 2020 年全球启动的 17 个设施中，12 个都位于美国，美国的成功极具说服力。运营中的二氧化碳捕集、利用和封存（CCUS）项目增加至 38 个，约占全球运营项目总数的一半，CO_2 捕集量超过 3 000 万吨。美国二氧化碳捕集、利用和封存（CCUS）项目种类多样，包括燃煤发电、水泥制造、垃圾发电、燃气发电、化学工业等。

欧盟 2020 年有 13 个商业二氧化碳捕集、利用和封存（CCUS）项目正在运行，其中英国 7 个，挪威 4 个，荷兰 1 个，爱尔兰 1 个。另有约 11 个项目计划在 2030 年前投运。与美国不同，欧洲二氧化碳捕集、利用和封存（CCUS）项目的 CO_2 减排价值主要依靠欧盟碳交易市场 (EUETS) 和 EOR 来体现。

日本由于地质条件原因，没有可用于强化采油（EOR）的油气产区，所以日本的二氧化碳捕集、利用和封存（CCUS）项目多为海外投资，例如美国的 Petra Nova 项目，东南亚的 EOR 项目等。广岛的整体煤气化联合循环发电 (IGCC) 项目已经开始了 CO_2 捕集，并准备在今后开展 CO_2 利用的实证试点。日本政府在 2020 年宣布了 2050 年净零排放的目标。

有专家对美国、日本和欧盟的二氧化碳捕集、利用和封存（CCUS）减排贡献进行了评估预测，如图 2-76 所示。

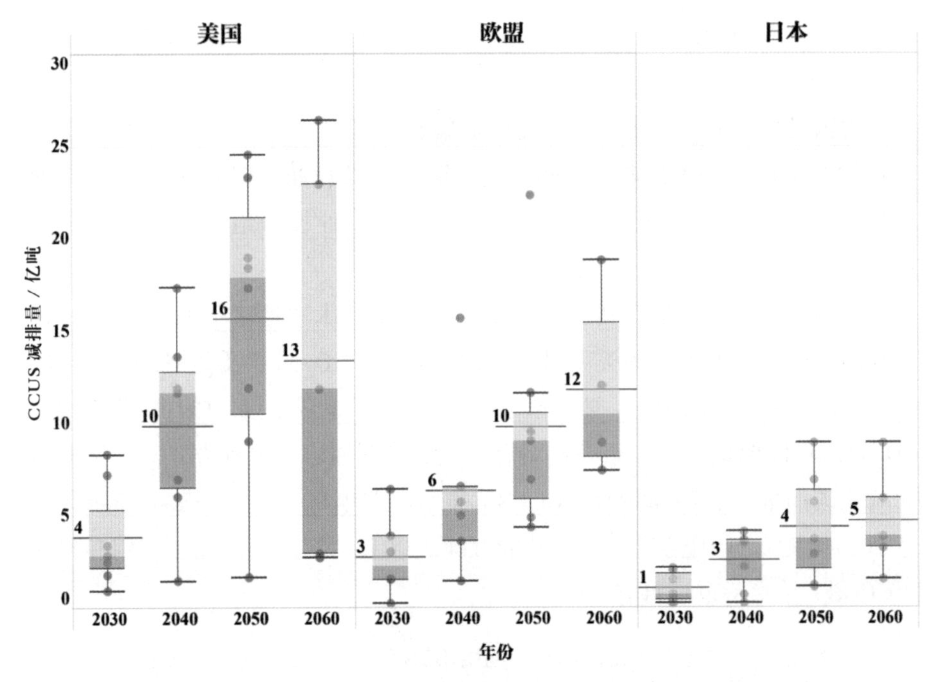

图 2-76　二氧化碳捕集、利用和封存（CCUS）减排贡献评估

2. 中国二氧化碳捕集、利用和封存（CCUS）项目进展现状

我国对二氧化碳捕集、利用和封存（CCUS）技术的研究起步较晚，自 2006 年开始才陆续出台关于二氧化碳捕集、利用和封存（CCUS）技术的政策。“十一五”期间平均每年出台 3 项政策，“十二五”期间平均每年出台 3 ~ 4 项政策。《中国应对气候变化国家方案》《中国应对气候变化科技专项行动》《中国应对气候变化的政策与行动》白皮书等都将二氧化碳捕集、利用和封存（CCUS）技术作为重点研究的技术之一。《“十三五”控制温室气体排放工作方案》提出，到 2020 年单位国内生产总值 CO_2 排放比 2015 年下降 18%，碳排放总量得到有效控制。2015 年，巴黎气候大会上，中国承诺将于 2030 年左右使 CO_2 排放达到峰值并争取尽早实现，2030 年单位国内生产总值 CO_2 排放比 2005 年下降 60% ~ 65%，非化石能源占一次能源消费比重达到 20% 左右。

中国二氧化碳捕集、利用和封存（CCUS）技术虽然起步较晚，但在相关政策的推动下，二氧化碳捕集、利用和封存（CCUS）技术已取得长足进步，建立起一批工业级技术示范项目。截至 2017 年底，我国已建成或运营的万吨级以上二氧化碳捕集、利用和封存（CCUS）技术示范项目有 13 个，中国拥有巨大的潜在二氧化碳捕集、利用和封存（CCUS）技术应用市场。预计

2030 年中国一次能源生产总量将达到 43 亿吨标煤，二氧化碳排放量将达到 112 亿吨至排放峰值。

中国已投运或建设中的二氧化碳捕集、利用和封存（CCUS）技术示范项目约为 40 个，捕集能力 300 万吨 / 年。多以石油、煤化工、电力行业小规模的捕集驱油示范为主，缺乏大规模的多种技术组合的全流程工业化示范。

中国二氧化碳捕集、利用和封存（CCUS）技术项目遍布 19 个省份，捕集源的行业和封存利用的类型呈现多样化分布。CO_2 封存及利用涉及咸水层封存、强化采油（EOR）、驱替煤层气 (ECBM)、地浸采铀、CO_2 矿化利用、CO_2 合成可降解聚合物、重整制备合成气和微藻固定等多种方式。中国典型二氧化碳捕集、利用和封存（CCUS）技术示范项目分布如表 2-6 所示。截至 2017 年底，全国已建成或运营的万吨级以上二氧化碳捕集、利用和封存（CCUS）技术示范项目有 13 个。

图 2-6　中国二氧化碳捕集、利用和封存（CCUS）项目分布图

CCUS 类型	项目	地区
驱煤层气	中联煤 CO_2 驱煤层气项目（柳林 / 柿庄）	山西
咸水层封存	淮东 CO_2 驱水封存野外先导性试验	新疆
	国家能源集团煤制油 CCS 项目	内蒙古
驱油	新疆油田 / 长庆石油 / 大庆油田 / 中石油吉林油田 EOR 项目	新疆 / 陕西 / 黑龙江 / 吉林
	延长石油煤化工 CO_2 捕集与驱油示范项目	陕西
	中石化胜利油田 / 华东油田 / 中原油田 / 齐鲁石油化工 EOR 项目	山东 / 江苏 / 河南 / 山东
地浸采铀	通辽 CO_2 地浸采铀项目	辽宁
捕集	北京琉璃河水泥窑尾气碳捕集项目	北京
	华能天然气电厂烟气燃烧后捕集装置 / 华能高碑店电厂捕集项目	北京
	CO_2 基生物降解塑料项目 / 华能长春热电厂捕集项目	吉林
	华能绿色煤电 IGCC 电厂 / 国电集团天津北塘热电厂碳捕集项目	天津
	清洁能源动力系统 IGCC 电厂捕集项目 / 华能石洞口电厂捕集示范项目	江苏 / 上海
	安徽海螺集团水泥窑烟气 CO_2 捕集纯化示范项目	安徽
	华润海丰电厂碳捕集测试平台 / 中海油丽水 36-1 气田 CO_2 分离平台	广州 / 浙江

续 表

CCUS 类型	项目	地区
捕集	钢铁渣综合利用实验室项目 / 钢渣及除尘灰直接矿化利用烟气 CO_2	内蒙古 / 山西
	国电锦界电厂燃烧后 CO_2 捕集与封存全流程示范项目	陕西
	电石渣矿化利用 CO_2/ 中电投重庆双槐电厂碳捕集示范项目	重庆
	华中科技大学 35MW 富氧燃烧技术研究与示范	湖北

中国已具备大规模捕集利用与封存 CO_2 的工程能力，正在积极筹备全流程二氧化碳捕集、利用和封存（CCUS）技术产业集群。较为典型的项目有国家能源集团鄂尔多斯的二氧化碳捕集和封存（CCS）示范项目，已成功开展了 10 万吨 / 年规模的二氧化碳捕集和封存（CCS）全流程示范。全球正在运行的 21 个大型二氧化碳捕集、利用和封存（CCUS）技术项目中唯一一个中国项目是中石油吉林油田 EOR 项目，同时也是亚洲最大的 EOR 项目，注入 CO_2 累计超过 200 万吨。

2021 年，由中国化学工程十四公司承建的国内最大规模燃煤电厂碳捕集示范工程——国华锦能二氧化碳捕集、利用和封存（CCUS）技术项目一次通过 168 小时连续满负荷试运行，正式投入运营，成为中国最大的燃煤电厂二氧化碳捕集、利用和封存（CCUS）技术示范项目。国家能源集团国华锦能电厂 15 万吨 / 年燃烧后 CO_2 捕集与封存全流程示范项目已于 2019 年开始建设，采用先进化学吸收法工艺进行碳捕集，并利用神华煤制油公司已建成的二氧化碳封存装置进行地质封存。该项目是目前全球设计性能指标最佳的 CO_2 捕集利用项目，是我国燃煤电厂低碳绿色发展示范引领项目，建成运行并应用于大规模工业化生产上将为我国带来显著的环境效益和社会效益。图 2–77 所示为国华锦能二氧化碳捕集、利用和封存（CCUS）项目。

2021 年 7 月，中国石化开建的我国首个百万吨级二氧化碳捕集、利用和封存（CCUS）项目是齐鲁石化 – 胜利油田二氧化碳捕集、利用和封存（CCUS）项目，包括碳捕集、利用和封存 3 个环节，该项目建成后将成为国内最大的二氧化碳捕集、利用和封存（CCUS）全产业链示范基地，为国家推进二氧化碳捕集、利用和封存（CCUS）规模化发展提供应用案例。此项目在 2021 年年底已投产使用，在碳捕集环节，CO_2 回收提纯装置包括压缩单元、制冷单元和液化精制单元和回收煤制氢装置，提纯后的 CO_2 纯度达到 99% 以上。在碳利用与封存环节，胜利油田基于超临界二氧化碳易与原油混相的原理，注入 CO_2 的同时采用密闭管输，提高 CO_2 封存率，预计

图 2-77 国华锦能二氧化碳捕集、利用和封存（CCUS）项目

未来 15 年，可累计注入 CO_2 1 068 万吨，实现增油 296.5 万吨。齐鲁石化－胜利油田二氧化碳捕集、利用和封存（CCUS）项目如图 2-78 所示。

齐鲁石化－胜利油田 CCUS 项目的建设标志着我国二氧化碳捕集、利用和封存（CCUS）项目建设取得重大进展，对有效提升我国碳减排能力、搭建“人工碳循环”模式具有重要意义，将有力推动国家碳达峰、碳中和目标实现。

图 2-78 齐鲁石化－胜利油田二氧化碳捕集、利用和封存（CCUS）项目

三、循环经济

循环经济是以资源节约和循环利用为特征，与环境和谐的经济发展模式。不同于“原材料提取→产品的生产→销售→使用→废物处理”的线性经济体系，它强调把经济活动组织成一个“资源→产品→再生资源”的反馈式流程。循环经济的特征是低开采、高利用、低排放，可以使原材料和资源得到最佳利用。循环经济示意图如图 2-79 所示。

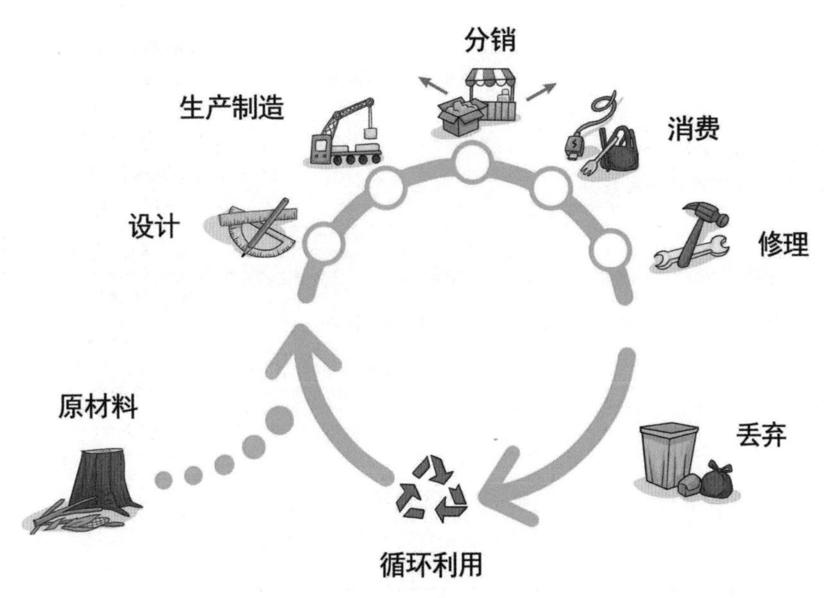

图 2-79　循环经济流程示意图

（一）欧盟循环经济发展态势

发展循环经济是当今世界经济发展的潮流，其中欧盟是推动循环经济的典型地区，其成员国德国于 1994 年就制定了《循环经济与废物处理法》，但欧盟早期立法和行动着重在循环经济中的废弃物治理部分，重点关注废弃物减量和生态环境影响降低，并未与经济发展直接关联。

随后，2010 年欧盟发布“欧洲 2020 战略”，将提高资源效率作为欧盟实现可持续经济发展的首要策略，循环经济开始与经济发展挂钩。2015 年，欧盟出台了“循环经济行动计划（EU Action Plan for the Circular Economy）”。

1. 欧盟发展循环经济措施

循环经济行动计划的推行标志着欧盟开始新一轮全面推进循环经济，即由原来关注末端废弃物治理，转向通过分享、修复、再利用、循环等方式使资源和物质变为循环流动，是欧盟拟实现经济从“开放”线性到“闭环”循环的产物。其发展循环经济的主要措施如表 2-7 所示：

表 2-7　欧盟循环经济计划具体措施

措施	主题	领域
建立循环经济指标体系，基于指标体系制定目标	资源效率指标体系	资源
		土地、水、碳
		废弃物转化为资源 经济转型 生物多样性 保护清洁空气 土地和土壤 关键领域
	循环经济指标体系	生产和消费
		废弃物管理
		二次原材料
		竞争与创新
在四大行动和五大领域开展行动	四大行动	生产
		消费
		废弃物管理
		资源再生
	五大领域	废塑料
		食物废弃物
		重要原材料
		建筑废弃物
		生物质产品
建立完善的约束和激励制度		行政管控
		经济与市场手段
		自愿行动

2. 欧盟循环经济发展成果

欧盟新一轮的循环经济行动战略有效促进了废弃物资源化利用。从资源产出率、人均资源消费量可见一斑。如图 2-80 所示，2000—2017 年间，欧盟资源产出率持续增长，从 2000 年的 1.47 欧元 / 千克增长至 2.08 欧元 / 千克，增幅达 41%；人均资源消费量从 8 吨 / 人增长至 17 吨 / 人，增幅高达 50% 以上。

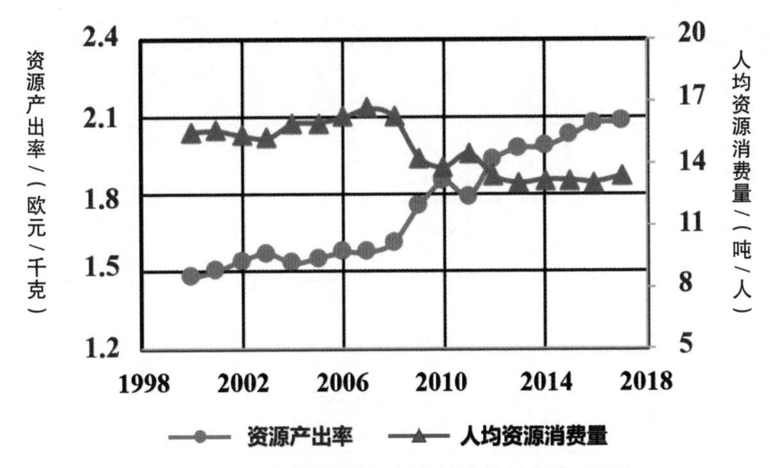

图 2-80　欧盟资源产出率和人均资源消费量

欧盟总体和各领域的循环利用率也在不断提高。如图 2-81 所示，欧盟总体资源循环利用率（循环使用的资源量占总资源消耗量比重）在 2004—2016 年间不断提高，2016 年欧盟总体资源循环利用率达到 11.7%。

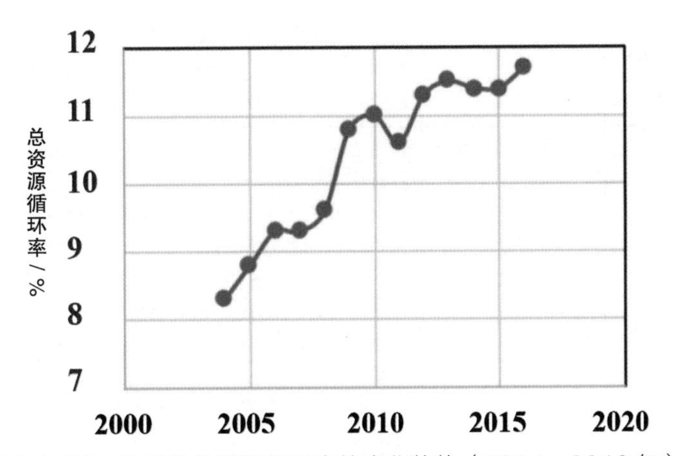

图 2-81　欧盟总体资源循环率的变化趋势（2004—2016 年）

2020 年 3 月，欧盟发布最新的《循环经济行动计划》（EU Circular Economy Action Plan），该循环经济行动计划提供了一个面向未来的议程，旨在与经济参与者、消费者、公众和民间团体组织携手创造一个更清洁、更具竞争力的欧洲。表 2-8 所示为欧盟新版循环经济行动计划的主要内容。

表 2-8　新版循环经济行动计划

方案	领域	内容
指定可持续产品政策框架	产品设计层面	提高产品耐用性、重复使用性、可升级性和可修复性，使用再生材料
	生产层面	修订制造网络报告认证体系、资源追溯体系、环境技术验证体系等
	消费层面	赋能消费者和公共采购者，引入最低的强制性绿色公共采购规范和目标，实施"绿色公共采购"
聚焦资源消耗大且具有资源循环潜力的重点行业	电子和信息技术产品、电池和汽车、包装、塑料、纺织品、建筑材料以及食品	实施欧盟循环电子计划、新电池监管框架、包装和塑料新强制性要求、支持纺织品再利用市场发展、可持续建筑环境综合战略
提出减少废弃物目标和计划		强化废弃物源头防控，加强废弃物循环利用 加强无毒环境中的可循环性，发布可持续化学战略 建立运行良好的欧盟再生原料市场 强化欧盟废弃物出口管理措施，设立出口废弃物的"欧盟可循环"标准
让循环为人、地区和城市服务		支持绿色转型和加强社会融入之间的互惠互利，落实"欧洲社会权支柱"
跨领域行动		实现欧盟关于气候"碳中和"的目标，逐步在循环和温室气体减排之间形成协同效应 加速绿色转型，让经济走上正轨 通过研究、创新和"数字化"推动转型
引领全球循环经济发展		以《欧盟塑料战略》为基础，推动国际范围内达成塑料产品协议 成立全球循环经济联盟，共同弥补全球循环经济方面的知识和治理鸿沟 探索设立自然资源使用的"安全运行空间"，启动自然资源管理国际协议的讨论 与非洲建设更牢固的伙伴关系，扩大绿色转型和循环经济的益处 将循环经济内容纳入欧盟对外商签的自贸协定 通过多边政策对话、协定、国际发展合作项目等推动西巴尔干国家发展循环经济 实施"绿色新政外交"，派遣循环经济代表团，并强化欧盟成员国的合作

（二）循环经济在中国

随着经济的发展和人们生活水平的提高，各国对国际贸易产品的环保要求趋于严格。如欧盟要求今后欧盟市场上流通的电器生产商必须承担报废产品的回收费用，禁止含有有害物质的产品出售及使用。加快循环经济建设，有利于调整中国的经济结构，减少贸易壁垒，增强我国产品的国际竞争力。

1. 国内循环经济发展历程

中国必须进一步调整经济结构和转变经济增长方式，保持经济系统良性循环，以此缓解人口资源环境压力、实现经济社会全面协调和可持续发展。面对这种形势，大力发展循环经济，加快建立循环经济体系显得尤为重要，“十四五”之前国内循环经济发展历程如图 2–82 所示。

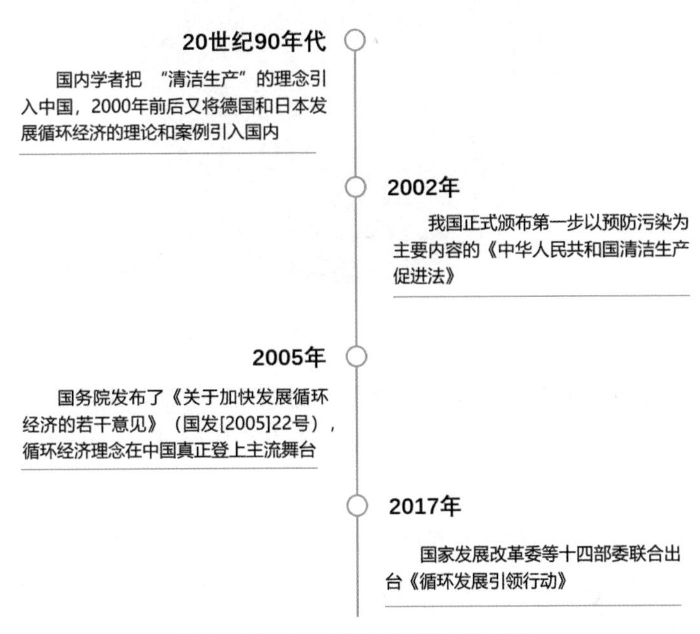

图 2–82　国内循环经济发展历程

2. 我国循环经济发展成果

“十三五”以来，我国循环经济发展取得积极成效，截至 2019 年底，我国废钢铁、废有色金属、废塑料、废轮胎、废纸、废弃电器电子产品、报废机动车、废旧纺织品、废玻璃、废电池十大品种的回收总量约 3.54 亿吨，同比增长 10.2%。如图 2–83 所示。

3. 中国循环经济最新规划

“十四五”时期我国进入新发展阶段，大力发展循环经济，构建资源循环型产业体系和废旧物资循环利用体系，对推动实现碳达峰、碳中和，促进生态文明建设具有重大意义。2021 年 7 月 7 日，党中央发布《“十四五”循环经济发展规划》（以下简称《规划》）。

《规划》围绕工业、社会生活、农业三大领域，提出了“十四五”循环经济发展的主要任务。

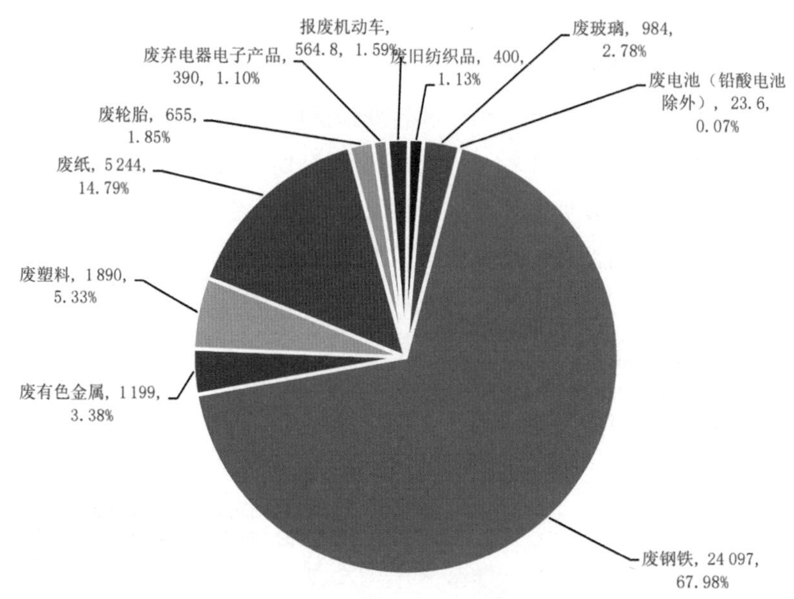

图 2-83　2019 年我国主要品种再生资源回收量（单位：万吨）及占比情况

一是通过推行重点产品绿色设计、强化重点行业清洁生产、推进园区循环化发展、加强资源综合利用、推进城市废弃物协同处置，构建资源循环型产业体系，提高资源利用效率。

二是通过完善废旧物资回收网络、提升再生资源加工利用水平、规范发展二手商品市场、促进再制造产业高质量发展，构建废旧物资循环利用体系，建设资源循环型社会。

三是通过加强农林废弃物资源化利用、加强废旧农用物资回收利用、推行循环型农业发展模式，深化农业循环经济发展，建立循环型农业生产方式。

循环经济发展重点任务如表 2-9 所示。

表 2-9　循环经济发展重点任务

	措施	内容
推进城市废弃物协同处置	推行重点产品绿色设计	健全产品绿色设计政策机制
	强化重点行业清洁生产	依法在“双超双有高耗能”行业实施强制性清洁生产审核
	推进园区循环化发展	推动企业循环式生产、产业循环式组合
	加强资源综合利用	加强对低品位矿、共半生矿、尾矿等的综合利用
	推进协同处置	完善政策机制和标准规范，推动协同处置设施参照城市环境基础设施管理

续 表

	措施	内容
构建废旧物资循环利用体系，建设资源循环型社会	完善废旧物资回收网络	将废弃物资回收相关设施纳入国土空间总体规划
	提升再生资源加工利用水平	推动再生资源规模化、规范化、清洁化利用
	规范发展二手市场	完善二手商品流通法规，建立完善的二手商品鉴定、评估、分级等标准
	促进再制造产业高质量发展	推动汽车零部件、工程机械等再制造水平，推动盾构机、航空发动机等新兴领域再制造产业发展，推广应用无损检测再制造共性关键技术
深化农业循环经济发展，建立循环性农业生产方式	加强农林废弃物资源化利用	推动农作物秸秆、农产品加工副产物等农林废弃物高效利用
	加强废旧农用物资回收利用	引导种植大户、农民合作社相关责任主体主动参与回收
	推行循环性农业发展模式	推行种养结合、农牧结合、养殖场建设与农田建设有机结合，协同发展模式

《规划》还部署了“十四五”时期循环经济领域的五大重点工程和六大重点行动。包括城市废旧物资循环利用体系建设、园区循环化发展、大宗固废综合利用示范、建筑垃圾资源化利用示范、循环经济关键技术与装备创新等五大重点工程以及再制造产业高质量发展、废弃电器电子产品回收利用、汽车使用全生命周期管理、塑料污染全链条治理、快递包装绿色转型、废旧动力电池循环利用等六大重点行动。

循环经济发展重点工程与行动如表 2-10 所示。

表 2-10　循环经济发展重点工程与行动

任务	主题	内容
五大工程	城市废旧物资循环利用体系建设工程	选择约 60 个城市开展废旧物资循环利用体系
	园区循环化发展工程	指定各地区循环化发展园区清单，按照“一园一策”原则逐个制定循环化改造方案
	大宗固废综合利用示范工程	推广大宗固废综合利用先进技术、装备，建设 50 个工业资源综合利用基地
	建筑垃圾资源化利用示范工程	建设 50 个建筑垃圾资源化利用示范城市
	循环经济关键技术与装备创新工程	深入实施循环经济关键技术与装备重点专项

续 表

任务	主题	内容
六大行动	再制造产业高质量发展行动	结合工业智能化改造和数字化转型，大力推广工业装备再制造，扩大机床、工业电机、工业机器人再制造应用范围
	废弃电器电子产品回收利用提质行动	构建线上线下相融合的废弃电器电子产品回收网络
	汽车使用全生命周期管理推进行动	研究制定汽车全生命周期管理方案，构建汽车全生命周期信息交互系统
	塑料污染全链条治理专项行动	科学合理推进塑料源头减量，鼓励公众减少使用一次性塑料制品。深入评估各类塑料替代品全生命周期资源环境影响
	快递包装绿色转型推进行动	强化快递包装绿色治理，推动电商与生产商合作，实现重点品类的快件原装直发
	废旧动力电池循环利用行动	加强新能源汽车动力电池溯源管理平台建设，完善新能源汽车动力电池回收利用溯源管理体系

《规划》提出，计划到2025年，资源循环型产业体系基本建立，覆盖全社会的资源循环利用体系基本建成。其中，主要资源产出率比2020年提高约20%，单位GDP能源消耗、用水量比2020年分别降低13.5%、16%左右，农作物秸秆综合利用率保持在86%以上，大宗固废综合利用率达到60%，建筑垃圾综合利用率达到60%，废纸、废钢利用量分别达到6 000万吨和3.2亿吨，再生有色金属产量达到2 000万吨，资源循环利用产业产值达到5万亿元。

第三章 生活中的碳中和

实现“碳达峰、碳中和”的目标，仅对高碳排放的重点行业采取措施是远远不够的，“双碳”目标的实现不仅需要全社会的共同努力，更需要每一位公民的切身实践。树立节能减排意识，力争为实现“双碳”目标做出自己的贡献，是我们每一位公民应尽的义务。

碳排放与我们的日常生活有什么联系呢？事实上，碳排放过程贯穿于人们整个生活中，生活的各方面都会在无形中带来碳排放（图 3-1）。各类衣物的生产、不同食物的生产与加工、各类住宅与办公建筑的建造与使用以及人们每天的交通出行，这些贯穿于生活中的方方面面无时无刻不在释放大量的温室气体。当下，我国进入新的历史发展阶段，城镇化进程加快推进，各类基础设施建设逐步完善，人民生活水平逐渐提高，但同时，碳排放量也越来越高，碳中和目标的实现将迎来最为严峻的考验。每一位公民都应当对碳减排负责，树立节能减排的意识，努力承担节能减排的义务，为实现“双碳”目标做出自己的贡献。

图 3-1 衣食住行与碳中和

第一节　碳足迹

人类对地球资源过度开发导致的全球气候恶劣、灾难频发等全球性问题是目前人类要实现碳中和必须迫切需要解决的问题，碳中和对人类未来的可持续发展意义非凡。以 CO_2 为主的温室气体过度排放所造成的全球气候变暖是引发这些灾害的主要原因之一。追本溯源，要解决碳排放首先要清楚碳排放的来源，因此对人类各行各业生产活动所产生的碳排放进行测量和评估是首要的基础工作。碳足迹作为温室气体排放重要的测量指标应运而生（图 3-2）。

图 3-2　碳足迹

一、碳足迹概念

碳足迹（carbon footprint）的概念最先起源于哥伦比亚大学提出的“生态足迹”，是指企业机构、活动、产品或个人通过交通运输、食品生产和消费以及各类生产过程等引起的温室气体排放的集合。这里的温室气体不单单指二氧化碳，还包括甲烷、臭氧、氧化亚氮等（图 3-3）。学者对于碳足迹

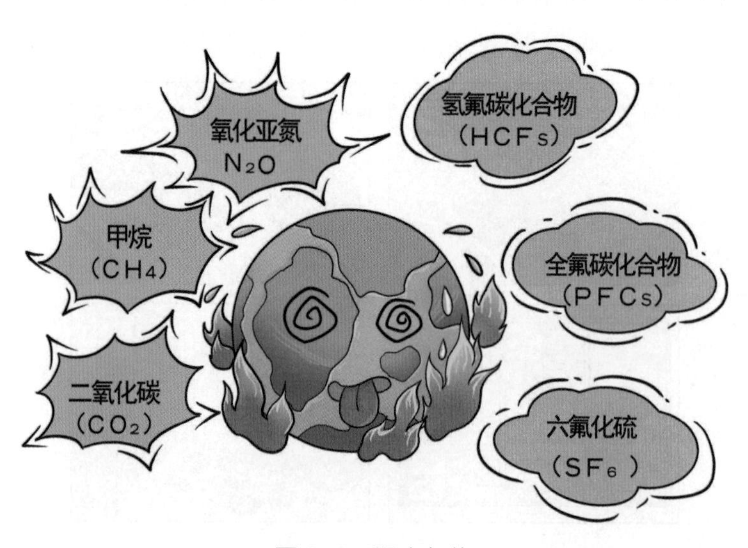

图 3-3　温室气体

的定义看法各有不同，有部分学者认为应当从生命周期评价的角度，尽可能广地覆盖温室气体排放面，也有部分学者认为应当按照背景与职能给出定义。但是无论哪种定义都认同碳足迹是由于人类的各种活动造成的温室气体排放。碳足迹可以划分为国家碳足迹、企业碳足迹、产品碳足迹和个人碳足迹四类。

有的人可能会混淆碳足迹和碳排放的概念。碳足迹和碳排放一般都以质量为单位，但是碳足迹更为详细，除了回答排放量以外，还需要指明温室气体排放的对象。同时，碳足迹从全生命周期入手，相对碳排放来说计算范围广且难度大。可以说，碳足迹是包括碳排放的。

二、碳足迹的计算方法

碳足迹有多种计算方法，较为常见的是生命周期评价法（Life Cycle Assessment，LCA）、投入产出法（Input-output method，I-O）、《2006年IPCC国家温室气体清单指南》计算方法（The Intergovernmental Panel on Climate Change，IPCC）、碳足迹计算器以及Kaya碳排放恒等式等。其中以LCA，I-O和IPCC三种方法最为常用。

（一）生命周期评价法

在了解生命周期评价法之前需要知道什么是生命周期。生命周期是指某一产品从进入市场到最终退出市场的全部过程所经历时间，包括引入期、成长期、成熟期以及衰退期四个阶段。

生命周期评价是一种用于评估产品在其整个生命周期中，即从原材料的获取、产品的生产直至产品使用后的处置，对环境影响的技术和方法。该方法已经发展了30年，得到了广泛的运用。具体包括四个步骤：目标与范围定义、清单分析、影响评价、结果解释，如图3-4所示。

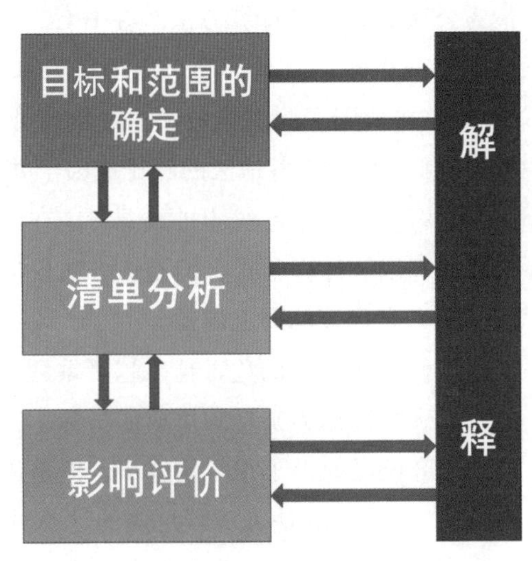

图3-4　生命周期评价法（LCA）评价框架

目标与范围定义：这一步骤主要是界定所研究的目标以及范围，是最为关键的一步。这一步的完成并不是一蹴而就的，需要经过不断地修改完善。

清单分析：对研究对象在其整个生命周期过程中的输入和输出数据进行量化的过程。其步骤可细化为制作生命周期图、数据收集与核实、完善边界系统、数据处理汇总。例如要对牛奶碳足迹进行清单分析，可分为三个部分：牛奶生产原料消耗（原料乳、包装等）、牛奶生产能源消耗（生产原料乳以及包装消耗的能源）以及每吨牛奶生产环境排放（各温室气体排放量）。

影响评价：根据清单分析的量化数据结果对产品的环境影响进行评价，往往通过将数据转化为指标类参数。该阶段需要确定影响的类型，目前常用的分类是资源耗竭、人体健康以及生态系统健康三类，选定影响类型之后，接着就需要量化其环境的影响大小，建立特征化模型。

结果解释：对清单分析以及影响评价的结果进行评估，提出改进建议。

生命周期评价法是一种自上而下的计算方法，囊括产品从开始到结束所有过程的计算方法，因而具有计算过程详细、计算结果准确的优点。

（二）投入产出法

投入产出法采用自下而上的计算模型，一直是经济统计分析中十分重要的工具，经济学中统计法的概念为把一系列内部部门在一定时期内投入来源与产出去向排成一张纵横交叉的投入产出表格，然后根据此表建立数学模型，计算消耗系数，并据此进行经济分析和预测的方法。投入产出法模型建立简单，但是相比生命周期评价法缺少过程细节，更适合在宏观尺度上进行碳足迹的计算。

（三）IPCC 计算方法

联合国气候变化委员会编写的《国家温室气体 IPCC 清单指南》是各国编制清单的方法依据，提供了温室气体排放的详细计算方法，也是目前国际最为公认的碳足迹计算方法。在 IPCC 方法中，不同行业的碳足迹计算方法并不完全相同，但是都基于一个最为基本的计算公式：碳排放量 = 活动数据 × 碳排放因子。碳排放因子受到行业、生产工艺、科学技术、地域等因素的影响，因此，各地区的碳排放因子并不相同。IPCC 计算方法最为详细，因为它将所有的温室气体排放源考虑在内，并且对每个行业都提供了具体的排放原理以及计算公式，但是该方法仅适用于计算封闭系统的碳足迹。

三、碳足迹的研究展望

气候变暖带来的危害越来越严重，碳中和成了人类迫切想要实现的目标之一。碳足迹作为衡量碳排放的指标，一直都是研究的热点。近年来，碳足迹的研究已经取得了很大的进步，但是依然有很多问题需要解决。

（1）首要的是关于碳足迹的计算方法和计算模型。碳足迹归根到底是一个衡量工具，急需一种公认的、普适的计算方法。目前现有的几种计算方法各有优势与不足，因此开发新的计算方法、建立新的模型对于碳足迹计算具有十分重要的作用，重点是对 LCA 法进行改进完善，此外，IPCC 计算法作为目前最为通用的方法，其排放因子需要更为详细准确。

（2）碳足迹的概念内涵也值得继续探讨。概念定义是基调，一个准确的定义可以为后续的计算方法的建立完善的框架基础。目前对于碳足迹的概念仍有争议，主要是对碳足迹的衡量范围、研究对象意见不一。

（3）建立碳交易市场。目前很多企业都需要进行碳盘查，但是由于地域差异，很多核算结果尚不统一，不能进行加总与核减，极大地增加了计算所需的财力、物力与人力。因此需要一个完善的碳交易市场来减少因地域差异而造成碳足迹计算的复杂度。

第二节　衣物

一、衣物碳排放现状

同食物一样，衣物也与低碳减排息息相关，每一件衣物的生产从原料开始，经过漂白、染色变成面料，而后制作成衣、运输、洗涤、熨烫等一系列工艺（图 3-5），每一步都是以碳排放为代价的，甚至我们销毁衣物所需要的能源也是一个巨大的数字。有学者曾经计算，一件白衬衣（200 多克）从棉花耕种开始到最后的销毁处理，整个过程的碳排放量可达 10.75 kg，是衬衣本身重量的 50 倍（图 3-6）。

纺织工业是地球上温室气体排放量最大的工业之一，也是中国最重要的民生产业之一。据不完全统计，2019 年中国纺织纤维加工量达到 8 000 万吨，占据世界纤维消费总量的 50%，具有明显的规模优势。由于纺织行业能耗

图 3-5　衣物生产工艺过程　　图 3-6　白衬衣碳排放

90% 以上均来自煤、电、热力的消耗，因此纺织行业带来经济增长的同时，也承担着巨大的温室减排压力。数据显示中国纺织行业整个生产过程的能耗大约为 4.84 吨标煤 / 吨纤维，这会产生 11 吨温室气体排放量，其中印染行业以 2.84 吨标煤 / 吨纤维的能耗排在第一（图 3-7），是纺织工业减排的重点。图 3-8 显示了纺织业碳排放量的变化趋势。

衣物领域所带来的碳排放主要来自原料的加工，不同原料以及不同的加工方式的温室气体排放量并不相同。一般情况下，皮革制品的碳排放量最大，因为皮革制品加工难度大，在生产过程中需要消耗大量的水和能源，还会产

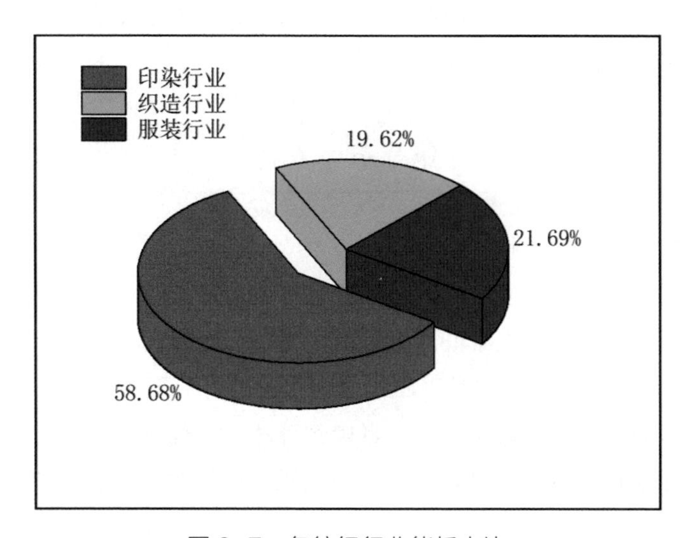

图 3-7　各纺织行业能耗占比

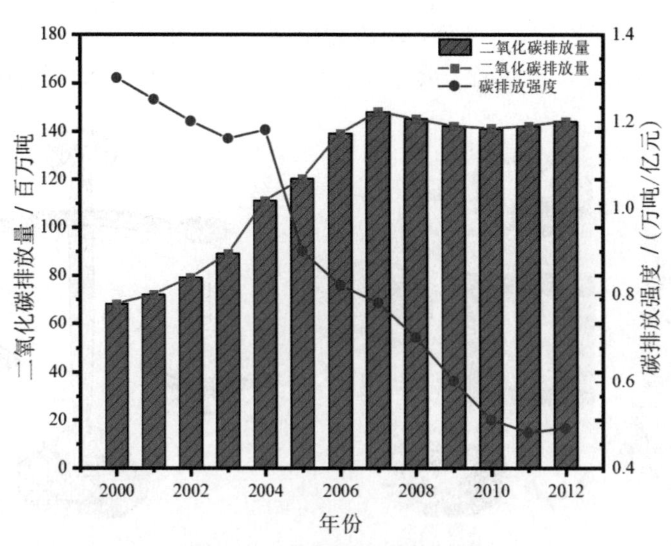

图 3-8　纺织行业碳排放量

生甲醛、焦油、氰化物等有毒物质。有很多厂家为了增加皮革的舒适性和耐水性还会进行鞣制这一道工序，也会增加额外的碳排放量。其次是化纤类衣物，化纤类服装是利用石油等原料合成的，同样需要大量的水和能源，每生产一件腈纶类衣物需要排放约 6 kg 二氧化碳。碳排放量最少的应当是天然纤维（图 3-9）。在生产这一端，减排主要是原料厂家以及生产厂家的责任，提高生产工艺、尽量选取排放量较低的原料是首要任务。

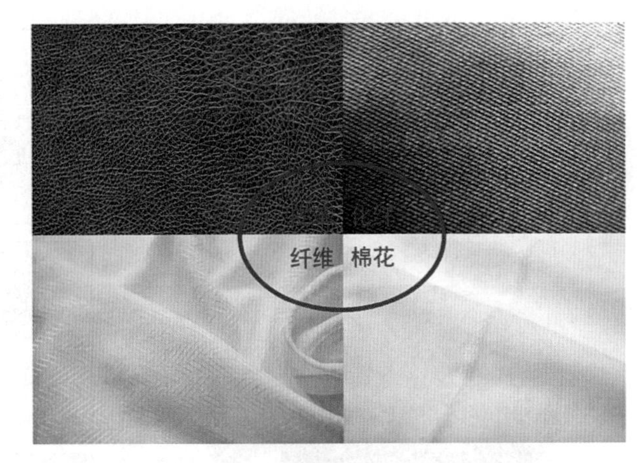

图 3-9　衣物原料

衣物最开始只是人类遮体的手段，随着生活水平的提高，人们越来越追求穿衣的品质，高审美、高质量、高舒适度成为购买衣物的三大要素。为了满足这些条件，生产厂家会采用更好的原料、更烦琐的加工工序、更精心的种植棉花等原料，随之而来的是更为庞大的温室气体排放量。我们作为消费的主体，固然有追求品质的权利，但是减排减碳亦是我们应尽的义务。

衣物同样也存在浪费现象，很多人仅仅只是喜欢购物，喜欢买衣服所带来的短暂快感。但是在冲动消费之后，从来不穿或者只穿几次，便将其放置在衣柜中，而后另寻新欢。有调查显示只有 35% 的人会穿一件衣服超过两年以上，28% 的人会穿 1 ~ 2 年，25% 的人穿 3 个月至一年，还有 12% 的人只穿几次甚至一次不穿，如图 3-10 所示。

衣物的丢弃也是一大碳排放源，首先是丢弃衣物的回收问题。这一点即使是在垃圾分类最为成熟的国家，也是一个棘手的问题，尤其是化纤和混纺旧衣，这些衣物含有多种原料和染料，很难进行识别、挑选，以至于再加工变成纺织原料难度就更大了，目前还没有哪种技术可以实现对旧衣物的百分之百再利用。一些实在无法再利用的衣物，则会以燃烧、填埋等传统方式进行销毁处理。对于皮革、化纤这类难降解的衣物来说，燃烧、填埋是一种非常污染环境的处理方式。其实对于这些难以处理的衣物，一方面普通大众可以进行旧物利用，进行裁剪、缝纫变成其他所需的物品，另一方面，杜绝焚烧、填埋，相关公司应当提高处理技术，争取实现无害化处理。

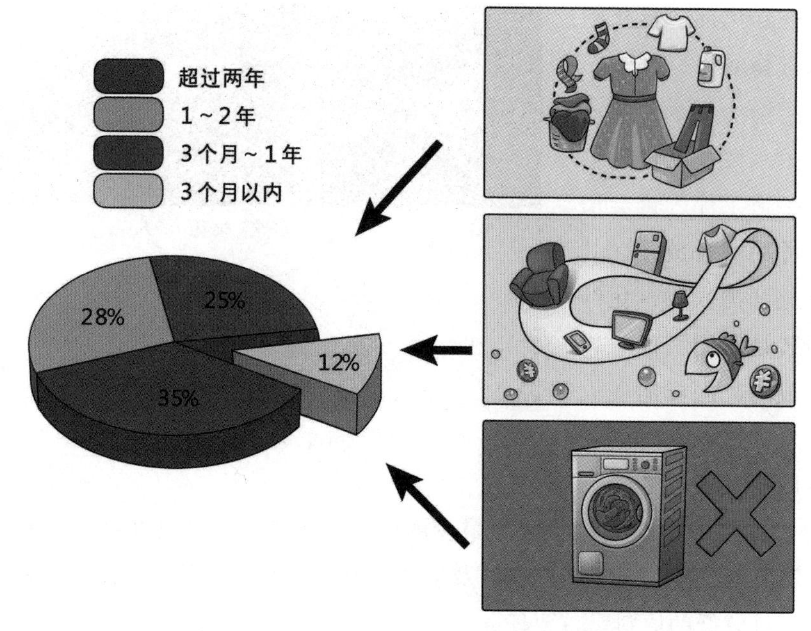

图 3-10　衣物使用情况

二、衣物减排措施建议

针对纺织行业以及个人使用衣物习惯带来的高碳排放，减排措施可以从以下三个方面出发。

（一）个人衣物使用习惯以及时尚观念的改变

少买新衣就是低碳着装的第一步，尤其是对年轻人以及购衣频率较高的人群，这一举措最为有效。同时，对于一些奢侈不常用的衣物，租用是很好的选择，尤其是诸如婚纱这类着装次数有限的衣服（图 3-11），完全没有

图 3-11　资源共享

购买的必要，租用是更为经济环保的选择。有调查显示，资源共享可以在衣物碳排放方面减少至少 10% 的碳排放量，毫无疑问，这是因为婚纱这类礼服的碳代价极为高昂。在购买衣物时选择印花较少、浅色系的也是一种减排措施，这类衣服可以使用较少的染剂以及化学添加剂。

对于久置不穿或者不喜欢的衣物可以有其他更为合理的处理方式，比如进行捐赠，在很多偏僻的地方很多孩子还都穿着破旧的衣服。二手交易也是一个很好的选择，将其出售给其他喜欢这件衣服的人，让其得到合理的利用。衣物免不了要经常清洗，清洗也会耗费水资源和电能，手洗相对于洗衣机可以减少碳排放，因此在日常生活中，尤其在夏季，可以选择手洗衣物。

（二）纺织行业减排

选择更为生态环保的原料、浆料、染料等原材料（图 3-12），可以很大程度上减少碳排放。积极变革技术、引进或研发更为环保的生产工艺，如生物酶退浆、低温活化漂白、数字喷墨印花、激光印花（图 3-13）、低温等离子体处理等都是较为先进尚未普及的生产技术。纺织行业的能源供应来源也可使用清洁能源来代替传统的煤电供应。

针对衣物减排，有环保机构提出了“低碳装”的概念，用“衣年轮”来衡量每件衣服的使用年限和在其生命周期内的碳排放总量。英国的服装公司曾就低碳装推出碳信任服装，它带有碳足迹生命周期的标签，可以告知消费者衣服在整个生产过程中的碳足迹，也会告知消费者如何合理使用衣服以减少碳排放。随后，越来越多的服装企业开始重视低碳环保，其中有一种十分有意思的做法，一些时尚龙头企业尝试将低碳作为奢侈概念引入时尚领域，

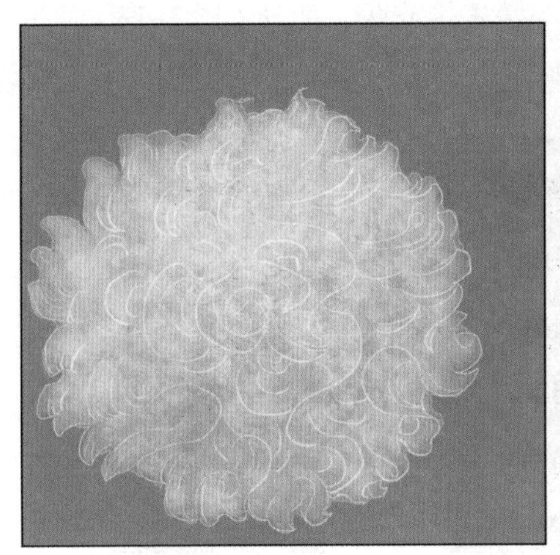

图 3-12　人造纤维

图 3-13　激光印花

即将低碳作为一种时尚来演绎，这将很大程度上引领大众对时尚的理解，对于衣物减排有极大的促进作用。某国产品牌曾发布过环保时尚系列新品，这种衣物采用可循环利用材料制成。其实，时尚并不是花哨，任何东西都有可能成为时尚，合理的搭配、专业的审美，即使是再简单、再朴素的衣服也可以在时尚圈引领潮流。

（三）政府引领

政府在纺织行业的节能减排中也能发挥很大的作用。实际上，一直以来，纺织行业的节能减排一直都是政府监管和企业以及终端消费者协同推动的，没有政策的引领以及法律的约束，光靠企业以及消费者自己是无法有效推进节能减排的，而没有企业的技术加持以及对大众的引领作用，政府也会无能为力。消费者对于政府政策和企业宣传的响应也至关重要。三者是相辅相成、相互促进的关系，只有共同努力，方向一致，才能带领服装纺织行业走向零碳排放，实现服装领域的碳中和。

第三节　食物

“食”是人类赖以生存的基础，也是人类必不可少的排碳活动，庞大的人口基数以及生活水平的不断提高使得整个食物系统要为实现“碳中和”承担起三分之一的责任。食物系统涉及人类活动的方方面面，它不仅仅是我们平时简单的消费就餐，更是一条庞大的产业链，囊括从食物生产、加工、储藏、运输到最后食用等环节，如图 3–14 所示。

一、饮食碳排放现状

饮食碳排放可以归纳为生产排放与消费排放两大部分（图 3–15）。生产主要是指农业与畜牧业。消费包括加工、运输、流通、处理等环节。根据

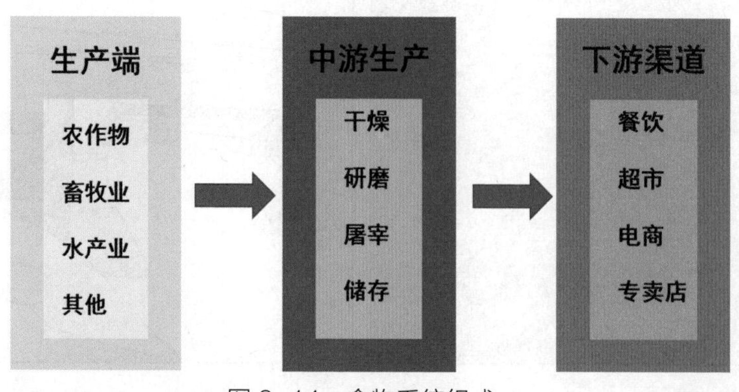

图 3–14　食物系统组成

图 3-15　食品生产与消费

联合国粮食及农业组织统计的数据，农业生产过程中所排放的温室气体占全球总排放量的 14%，农林畜牧业在生产过程中产生的温室气体占全球总排放量的 18% ~ 31%。生产碳排放通常是指一氧化二氮、二氧化碳以及甲烷三种温室气体，其中一氧化二氮是土壤和粪肥中的氮被微生物分解所产生的一种副产品，甲烷通常是废弃农作物、牲畜的粪便在分解过程中产生的，占农业总排放量的 50% 左右。值得注意的是，甲烷的温室效应远远超过二氧化碳，数据显示单位质量的甲烷气体所带来的温室作用大概是二氧化碳的 28 倍。消费端的碳排放过程包括人类在进行食物消费过程中的食物运输、食品加工等过程，因此消费端包括食品供应系统、食品储藏系统等。由于食品消费较长的过程链以及食品消费的普遍性使得消费端所带来的碳排放比生产端还要严重。

欧盟委员会提供的材料也显示近 23% 的地球资源是由人类的饮食消费消耗的。随着经济的高速发展，居民生活水平的提高使饮食质量得到提高，全球各地区的人均饮食碳排放量增长迅速（图 3-16）。这一现象在中国尤为显著，从 1971 年的人均饮食碳排放量 55.08 kg/ 人 × 年增长至 2019 年的 357.08 kg/ 人 × 年，增长率位居全球第一，2019 年世界人均饮食碳排放量为 273 kg/ 人 × 年。

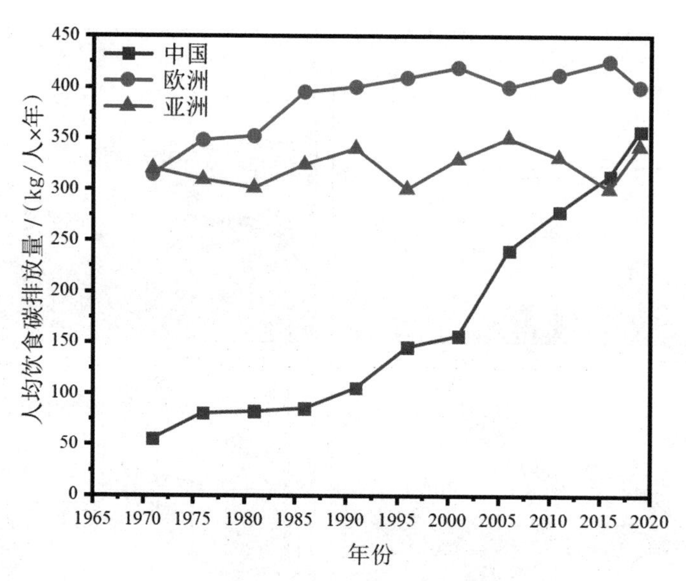

图 3-16　各地人均饮食碳排放量变化

经济的发展也使得居民的食品消费结构发生了重大变化，畜牧产品食物消费数量和比例不断增加。由于动物对所摄取的食物利用率很低，导致肉食的碳排放量在同等情况下要远远高于素食（图 3-17）。而不同肉食所产生的碳排放差距也很大，如牛羊等所产生的碳排放量是同等情况下鸡肉的近四倍之多。因此虽然近些年人均消费总量有下降趋势，但是由于消费结构向动物性食物转变导致人均食品碳排放量仍然呈现升高的态势（图 3-18）。

民以食为天，生活水平提高带来饮食品质提高而导致碳排放增长难以避免，但是大量的食物浪费所带来的碳排放则可以有效降低。食物浪费可以分

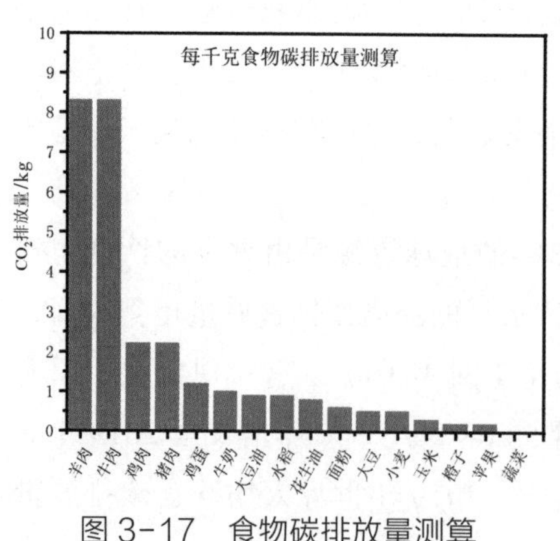

图 3-17　食物碳排放量测算

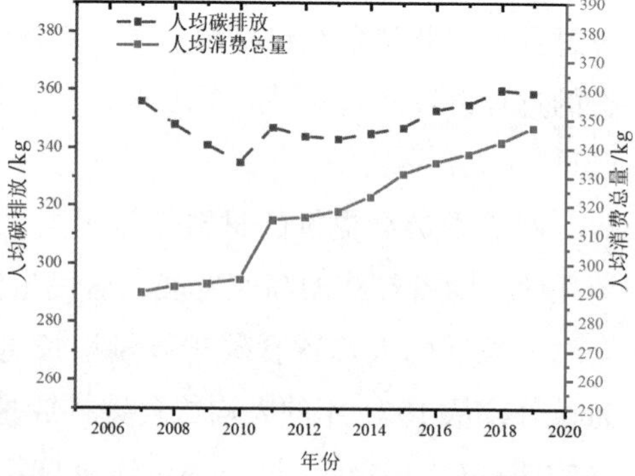

图 3-18　中国居民人均食物消费总量与碳排放量变化

为食物损耗以及食物浪费两类，食物损耗是指食物在加工、储运等过程中造成的损失，食物浪费则是在消费过程中丢弃可以食用的食物。联合国统计的数据显示，全球每年约有三分之一的食物被浪费丢弃，这些浪费掉的食物在整个生产消费过程中产生的温室气体碳排放量占比达到 8% ~ 10%，相当于向大气排放了 35 亿吨温室气体（图 3–19）。而中国每年因为食物损耗与浪费产生的温室气体排放约为 11 亿吨，这一数值高于单个省市的温室气体总排放量。

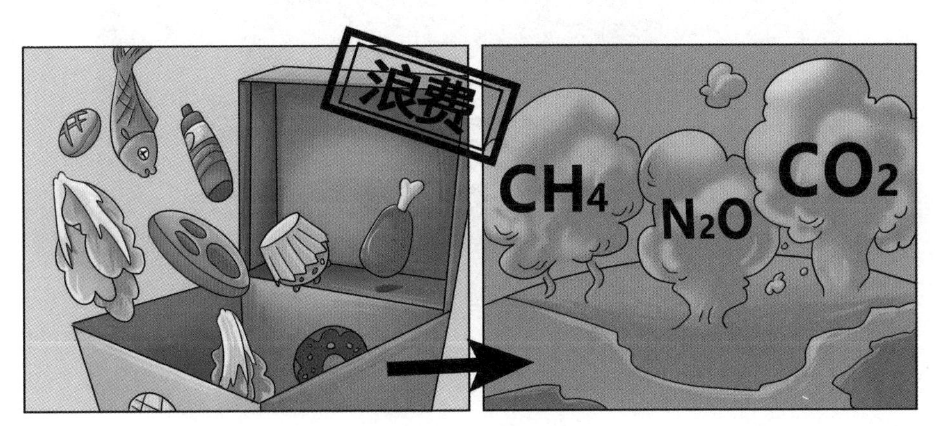

图 3–19　食物浪费

二、减少食物碳排放的对策及建议

（一）个人减排措施

对绝大部分人而言，一日三餐是助力实现碳中和的最佳途径。随着人民生活水平的提高，大众拥有更为丰富的餐品，更为方便的饮食方式，人们得到物质上满足的同时，饮食的多样化亦不可避免地带来了更多的碳排放。但是这些活动造成的碳排放并不是不可逆的，只需要每个人在日常生活中做出小小的改变。

1. 减少铺张浪费

（1）根据家庭实际情况按需购买，不要过量消费。大部分家庭都有一次性购买几天或一个礼拜储粮的习惯，这样往往会出现买多不买少的情况。一些易坏的食物会由于长期得不到食用而被直接丢弃，这种浪费是最直接的浪费，相当于从生产、加工运输以及储藏过程中所有的人力、物力都没有得到利用，其碳排放也是最为无辜的。因此，按需购买、按天购买可以很大程度上减少这种浪费。

（2）合理饮食，绿色饮食。做到当日食当日“食”。在日常饮食中，可以多摄入绿色蔬菜食物。当然，这并不是倡导只食用绿色蔬菜而不吃肉食，肉食中含有丰富的蛋白质等营养物质是身体所必需的。绿色饮食所提倡的是减少食物浪费，尤其是肉食浪费，控制好自己的饮食习惯，积极参与到光盘行动当中，为实现碳中和贡献自己的力量（图 3-20）。

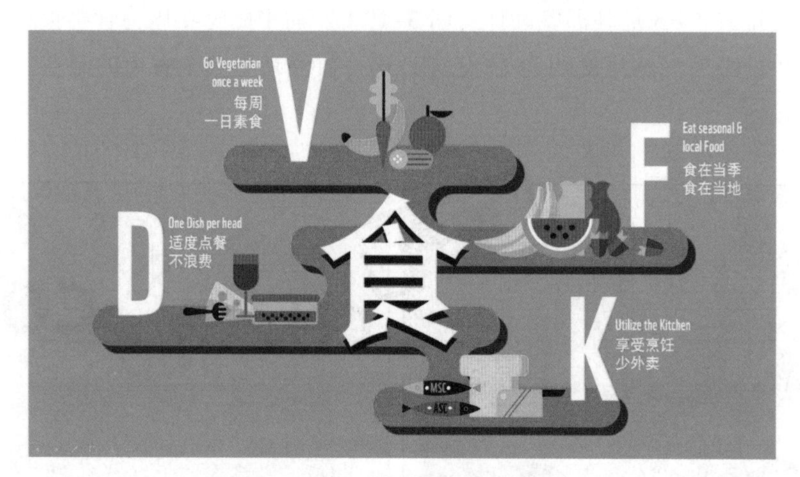

图 3-20　个人饮食减排措施

2. 改变饮食方式

由于工作繁忙，外卖以及快餐等便捷式就餐方式成了上班族、月光族解决日常饮食的重要方式，居家饮食等传统绿色饮食方式比重急剧减少。图 3-21 是各饮食方式所产生的碳排放量对比，明显可以看出，在外就餐尤其是大型餐馆会显著地增加碳排放量，而居家饮食是最为绿色的饮食方式。因此，选择在家或者食堂就餐可以大量减少快餐盒筷等一次性用品的使用量。在 2020 年，受到疫情的影响，所有人都只能选择在家吃饭，《后疫情时代，美好生活的绿色可能性》

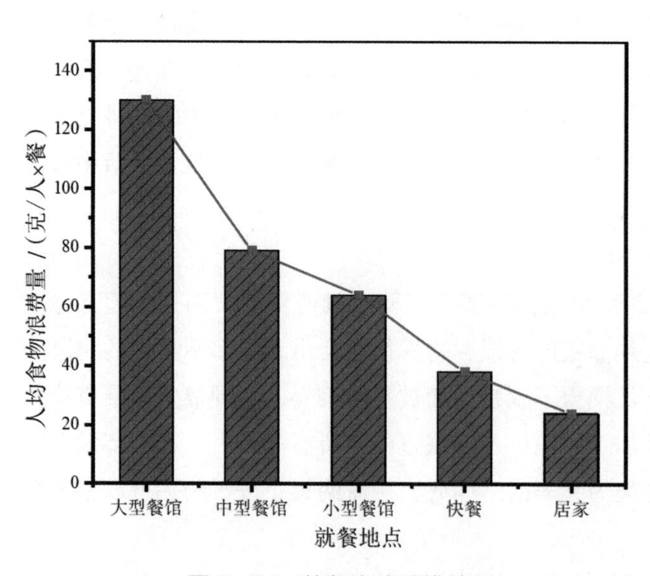

图 3-21　就餐方式碳排放量

报告了在家就餐积极地改善了环境，对于实现碳中和具有很好的促进作用。

减排减碳，处处可为。尤其是饮食所带来的碳排放是不可估量的。从自己做起，从小事做起，碳中和终将到来。

（二）饮食行业减排

饮食行业是一个庞大的体系，不单单指简单的食物制造业，还包括农业、牧业、食品加工、食品供应链、食品储藏系统等环节。*Our World in Data* 提供的数据显示整个食物行业的碳排放量高达 26%，这也意味着如果整个食品行业能得到有效的变革，从而实现食物体系内零碳排放，将直接减轻碳排放一半的压力。

1. 生产端的变革

完善农耕畜牧业碳减排的相关法律法规，是碳减排的基本保证。将政府推动、市场机制与农民自由选择有机结合，共同促进实现农耕畜牧业的碳减排和健康发展。相比畜牧业较为发达的英国、丹麦等地，中国的畜牧业法律法规仍然有待完善，目前我国亟须一部专门针对该行业的法律法规。同时，低碳生产技术是关键，碳减排归根到底需要技术来解决。由于甲烷气体是农耕畜牧业最主要的碳源，因此减少甲烷排放或者合理处理甲烷的技术是目前最需要突破的技术。提高养殖、耕地技术也是极其重要的，合理健康的生态养殖可以使得碳排放在大自然的合理承受范围之内。我国目前的畜牧业依然存在养殖规模低、环境污染严重、防疫工作基础薄弱、养殖装备落后等问题，国外一些畜牧业发达的国家已经形成了一套完善的养殖系统（图 3–22），如葡萄牙户外有机养猪系统、德国诺廷根养猪系统，这些新型养殖系统都可以极大程度地减少环境污染问题。

图 3–22　新型养殖系统

2. 消费端的变革

麦肯锡报道的数据显示，如果能对食品消费端进行有效变革，引导食品消费向低碳排放发展，可使食品行业的碳排放减少至少 30%。民众所带来的碳排放以及相应的措施建议在上一小节中已经详细说明，本部分重点阐述食品行业包括食品加工供应厂、食品储藏运输企业以及各餐饮企业的碳减排状况和减排措施。

对于这些食品行业，应当积极变革，以可持续发展作为行业指引。要实现碳中和首先必须优化生产工艺管理，在食品加工过程中，高水耗是加工行业高碳排放的重要来源，因此要想碳减排，必须重点考虑减少用水量以及降低污水污染程度。食品的储藏运输更多涉及能耗问题，冷冻以及运输都需要大量的能源，因此储藏运输企业要合理规划利用空间，并通过技术创新、过程优化等新技术来减少能耗带来的碳排放问题。而餐饮企业的碳排放来源于菜系烹饪和食物浪费，餐饮企业的食物浪费尤为严重，顾客往往不会合理估算他们的消费量，随意点餐现象泛滥，而吃剩浪费的食物也不会得到合理处置，小型餐饮店更甚。因此餐饮企业需要积极改变营销模式，在满足顾客要求的同时有义务让顾客理性消费。此外，餐余垃圾的处理也需要得到进一步的规范。

三、饮水与碳排放

之所以把水与食物区分出来是因为水本身的特殊性。作为生命之源，水更是与人类密不可分。然而，水资源的浪费现象比食物浪费还要严重。节约用水的意识尚未深入人心，水资源匮乏尤其是淡水资源匮乏的现象尚未被大众认知，一水多用、及时停水等节水措施依然没有普遍化。许多人可能不解，节约用水是因为淡水资源缺乏，这和碳中和有什么关系？其实现在所有生活用水（自来水）都需要把自然界的水经过净化、消毒处理后，再通过管道输送系统运送至各家各户，从取水、净化消毒到输送饮用每一个环节都需要消耗能源，这些能源的消耗自然会导致大量的碳排放（图 3–23），因此节约用水、保护水资源也是减少碳排放的重要措施。

据统计，一般三口之家月用水量在 10 吨左右，而这些水很多都没有得到有效利用。其实水节约非常简单，并不需要很多精力。一水多用就是一种非常高效的用水方法，早上洗漱用水可以不用立马倒掉，可以用来拖地、浇花。及时停水也非常重要，在刷牙时，很多人依然会任由水流淌，在这个过程中所浪费的水甚至够好几天刷牙的用水量。据计算，每节约一吨水就可以减少 0.2 kg 的碳排放，数据可能很小，但是在庞大的人口基数面前，任何微小的数字都将变成“巨无霸”。节约用水，从你我做起。

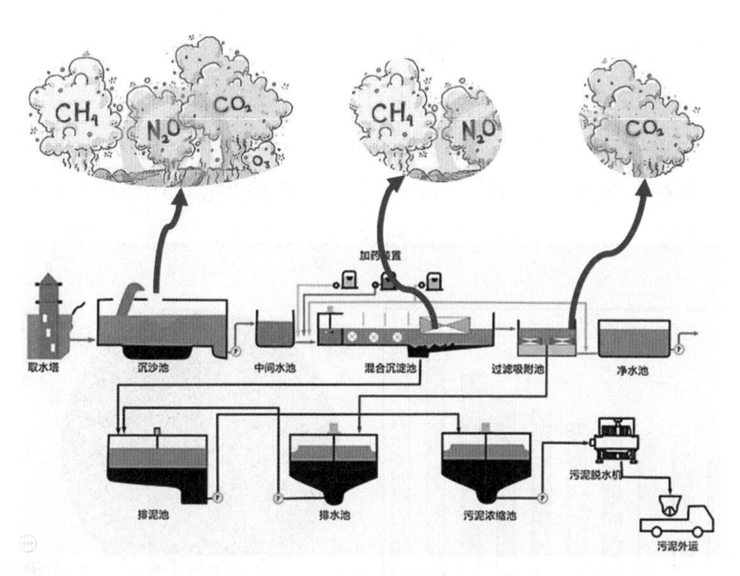

图 3-23　水处理过程中的碳排放

第四节　居住

一、居住中的能源消耗与碳排放现状

作为人们工作和生活的主要场所，建筑领域的能源消耗和碳排放一直以来都是我国能源消耗和碳排放的重要组成部分（图 3-24）。

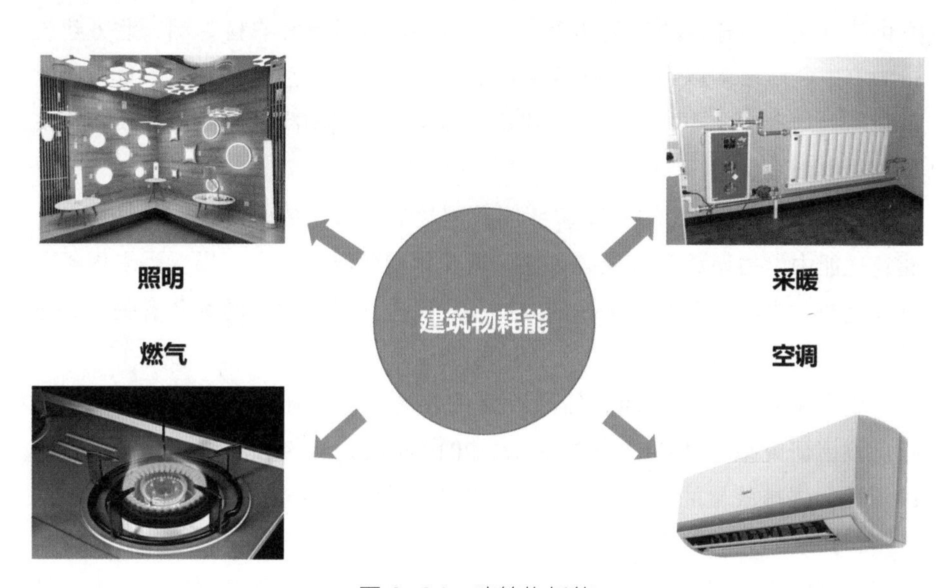

图 3-24　建筑物耗能

自 2008 年以来，随着城镇化进程的加快，我国建筑领域的碳排放量始终保持较高增速（图 3–25）。其中，公共建筑领域的增长率最大，为 85%，这与近些年我国大力推进基础建设这一举措密不可分。紧随其后的是城镇居住建筑，其能耗增长了 64%。图 3–26 给出了 2019 年我国各类建筑耗能占比情况，北方区域的供暖能耗因为占比很大而被单独列出。

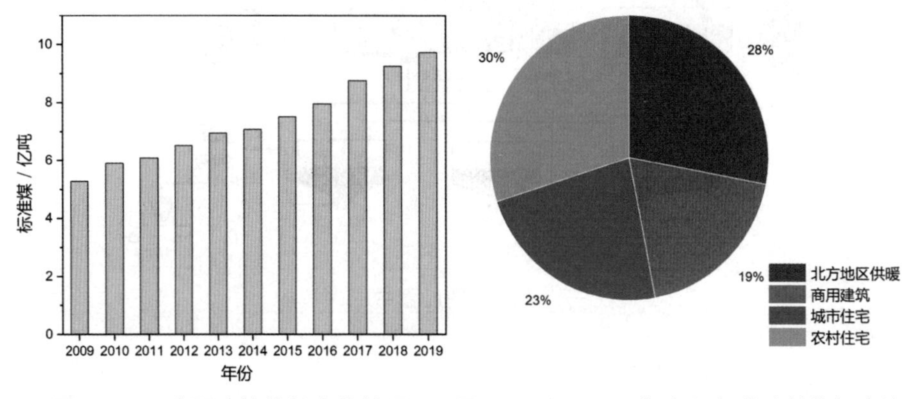

图 3–25　中国建筑能耗变化情况　　图 3–26　2019 年中国各类建筑能耗占比

建筑领域的能源消耗主要用于满足各类建筑的冷热负荷，而建筑的冷热需求又与该建筑物所处的气候环境密切相关。对我国而言，根据气候特性的不同，我国主要存在五种气候区。不同气候区的冷热需求不同，导致不同气候区的供热方式不同。在冬季，我国北方存在供暖需求，南方则没有，而北方供暖方式又与建筑的种类和密集程度有关。以城市和农村为例，北方建筑较为密集的城市多以集中供暖为主，而农村多采用单独供暖。到了夏季，全国范围内均存在制冷需求，居民建筑大多采用空调制冷，而商用建筑普遍采用中央空调系统制冷。

图 3–27 给出了 2009—2017 年间我国建筑的用能结构，由该图可以看出，建筑耗能中电力始终具有最高占比，近几年变化幅度不大。煤炭需求逐年降低，这与“煤改气”采暖工作的开展和居民生活用天然气的普及有关，天然气占比提高了一倍以上。

能源消耗的日益增加必然导致碳排放量的持续升高，《中国建筑节能年度发展研究报告 2021》数据显示，2019 年我国建筑领域的碳排放量占中国全社会碳排放量的 38%。从全生命周期的角度来看，以 2020 年相关数据为例，建筑领域的碳排放主要来自建筑的运行阶段（图 3–28）。图 3–29 给出了 2009—2020 年间我国建筑领域运行造成的碳排放总量的变化情况，结

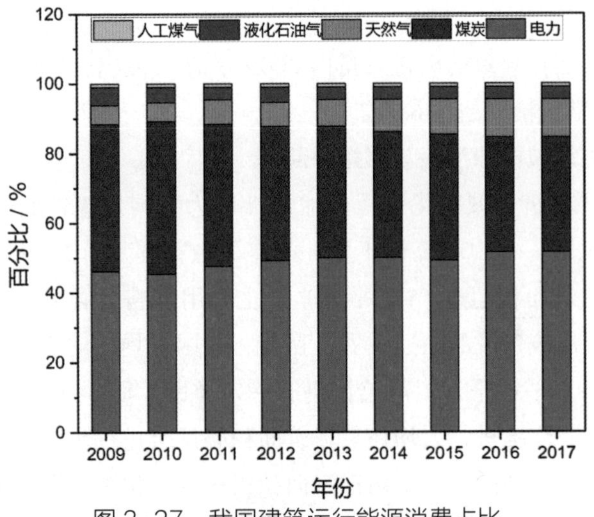

图 3-27 我国建筑运行能源消费占比

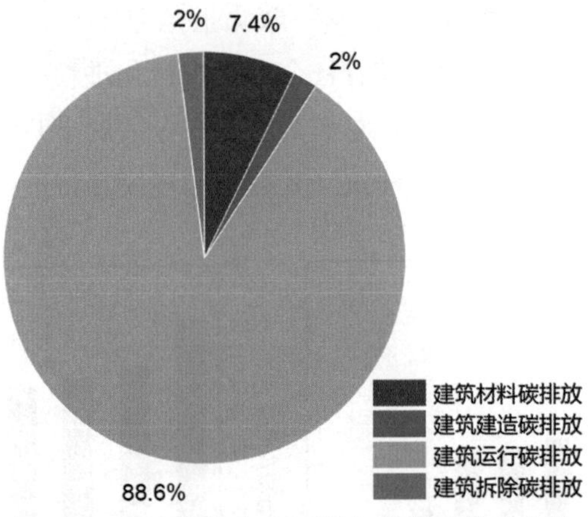

图 3-28 建筑物生命周期各阶段碳排放占比

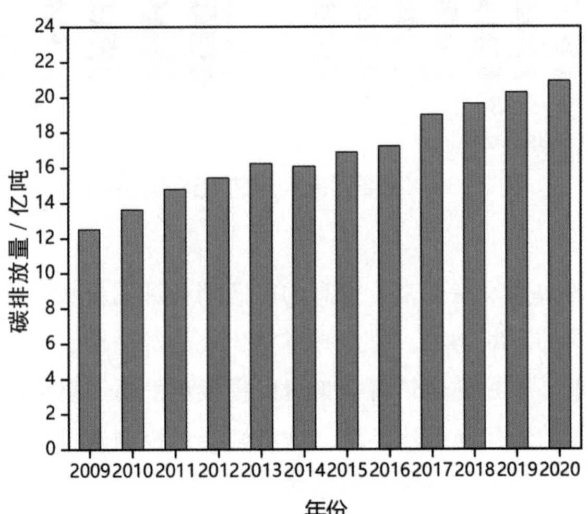

图 3-29 我国建筑运行碳排放

果显示，建筑运行导致的碳排放量由2009年的12.64亿吨增加至2020年的20.91亿吨，增长幅度超过65%。

二、建筑领域能源消耗与碳排放趋势

全面脱贫攻坚与城镇化进程的加快推进为我国建筑领域的发展带来了新的动力与机遇，《中国统计年鉴》的有关数据显示，21世纪以来，我国每年的新建建筑面积超过15亿平方米，主要用于满足居民居住需求和商业需求。得益于建筑领域的快速发展，目前，我国人均住宅建筑面积基本与西欧各国的平均水平持平，但与美国仍有一定差距（图3-30(a)）。但随着城镇化进程的进一步推进，人均住宅建筑面积必然会进一步增大。与人均住宅面积不同的是，我国的人均商用建筑面积仍很低，相关数据显示，我国的人均商用建筑面积仅为英、法、日等国的50%左右，仅占美国人均商用建筑面积的三分之一（图3-30(b)）。这一数据上的差距与我国当前所处的发展中国家的国情密不可分，相信随着社会主义现代化进程的不断发展，我国人均商用建筑面积将会不断扩大。总而言之，在今后的十几年乃至几十年内，无论是居民住宅建筑还是商业建筑，其数量和规模都将进一步增加。

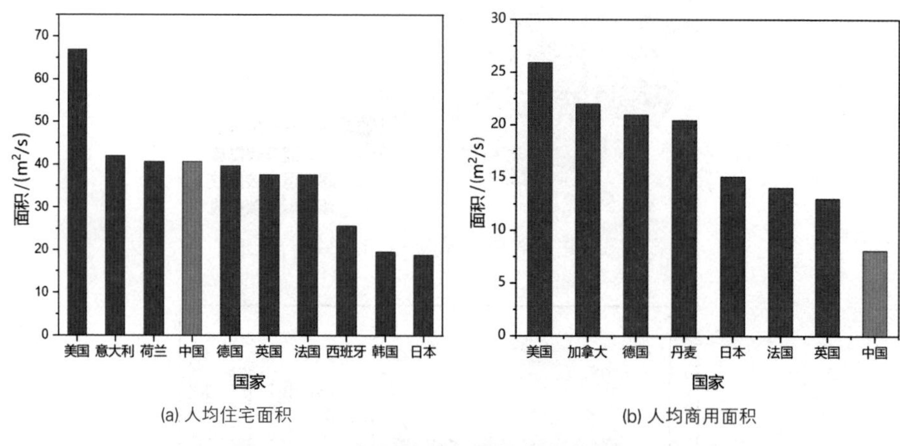

(a) 人均住宅面积

(b) 人均商用面积

图3-30 主要国家人居住宅建筑面积对比

建筑领域的快速发展带来了更高的能源消耗和碳排放，此外，随着人们对美好生活需求的不断增加，公众必将对建筑的舒适性、便捷性、智能性等提出更高的要求。未来的建筑将会为居民提供更舒适、更便捷、更安全、更健康以及更智能的居住和生活环境，这势必会对控制碳排放带来更大挑战。

三、建筑领域控制碳排放的有效措施

建筑领域的节能减排工作任重道远，那么建筑领域的节能减排措施都有哪些呢？结合建筑物的负荷需求分析，主要有以下几点：

（一）合理的建筑规划与设计

在建筑领域节能减排的“高压”之下，绿色建筑、低能耗建筑、零能建筑等一系列具备新设计理念的建筑应运而生，它们的本质都是在对建筑设计规划时充分考虑节能环保这一理念。这无疑对今后的建筑设计师提出了更高的要求，他们不仅需要在建筑领域具有扎实的专业基础，还要对节能环保有一定的了解。在建筑规划和设计时，应充分考虑该建筑所处地域的气候条件与周边环境，充分利用自然资源（如太阳光、雨水、地形、绿化等），减少对冷热负荷的依赖。具体措施可以归纳为三个方面：

（1）充分考虑环境中的树木、植被等，为建筑选择合理的地址；

（2）充分考虑建筑的整体体量和朝向，为建筑设计合理的形体，改善微气候；

（3）合理设计建筑内部空间，使得建筑内部各部分协调，减小对外界能源和环境的需求。

（二）改进现有建筑的围护结构

围护结构是指建筑物的墙面、屋顶、门、窗等。建筑物的围护结构主要起到了与外界环境冷热交换的作用（图 3-31），因此，围护结构的热工性能是建筑物设计时必须要考虑的因素之一。提高建筑物围护结构的热工性能，可有效减少建筑物在运行期内的能源能耗，进而减少建筑物运行阶段的碳排放。一般情况下，增大围护结构的热工性能所导致的建造投资约增加

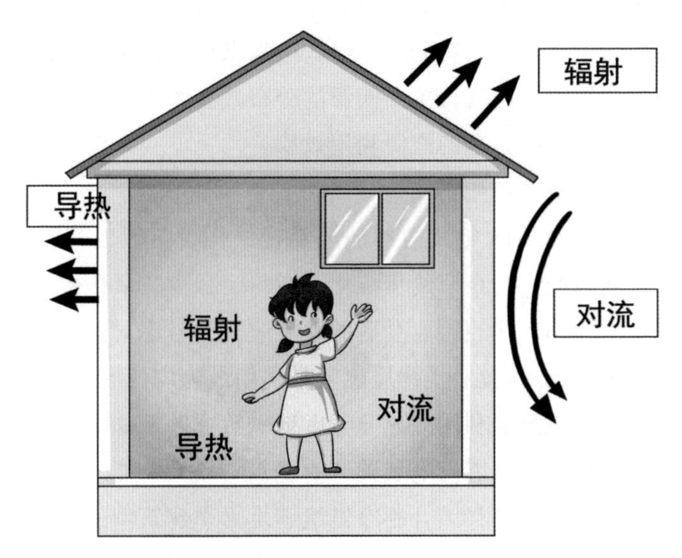

图 3-31　建筑物围护结构冷热交换示意图

3%~6%，但能够节约 20%~40% 的能源。通过改善围护结构的热工性能，可减少夏季由室外传入室内的热量，也可减少冬季室内的散热损失，从而减少冷热负荷。

围护结构热工性能的提高主要依赖于改变建筑围护结构的材料组成，在建筑物的建造设计时，应结合当地气候环境与建筑物的空间尺寸对建筑物的冷热负荷需求进行合理的核算，以建筑物的实际负荷需求为依据为建筑物选择合适的围护结构。

（三）提高终端用户的用能效率

减小建筑物的冷热负荷必须与提高建筑物供能效率的措施并行，才能真正做到建筑物减排。对终端用户来说，现有的高效供能设施主要有热泵系统、中央空调系统、蓄能系统以及将上述几种结合起来的分布式能源系统。在今后的建筑物设计中，应充分利用上述高效供能系统，在使用中结合能源管理和监控系统监督和调控建筑物内的舒适度、建筑物空气品质和能耗情况等。

（四）提高能源利用效率

提高能源利用效率是各耗能行业绕不开的话题，对建筑行业而言，以一次能源为例，从一次能源的开采、处理、输送、储存、分配到一次能源向建筑物各个耗能设备所需的终端能源的转化这一系列过程中，能源的损失巨大，导致总能源利用率不高。因此，为提高一次能源的利用效率，应结合建筑物的用能需求和用能特点，在一次能源利用的全过程内，选择可以操控的某几个过程对建筑物的供能过程加以改进，从而提高总的能源利用效率。例如，天然气的总能源利用效率高于煤，而发电所需要的热品质高于供热与制冷，而一般情况下大型建筑物的冷、热、电需求比较稳定，因此我们可以结合以上特点，选择以天然气为主要能源的分布式能源系统，同时结合热电联产或者冷热电联产来提高总的能源利用效率。

（五）提高新能源利用占比

图 3-32 给出了 2018 年我国的能源消费结构，可以发现新能源的利用率仍较低。新能源的利用在节约传统化石燃料、减少二氧化碳排放等方面发挥了至关重要的作用，建筑行业今后的发展应充分考虑对新能源的利用。如今，太阳能、地热能、风能、生物质能等是利用最为广泛的可再生能源种类。对建筑物而言，新能源的利用应充分考虑地域特征，例如，在西部太阳光照充足的地区集中建设太阳能发电装置，为建筑物提供电能。此外，太阳能热水器可进一步提高效率，并结合制冷机组满足夏季建筑物的冷负荷。在地热资源充足的地区，可利用地源热泵满足建筑物热水和采暖需求。而生物质能

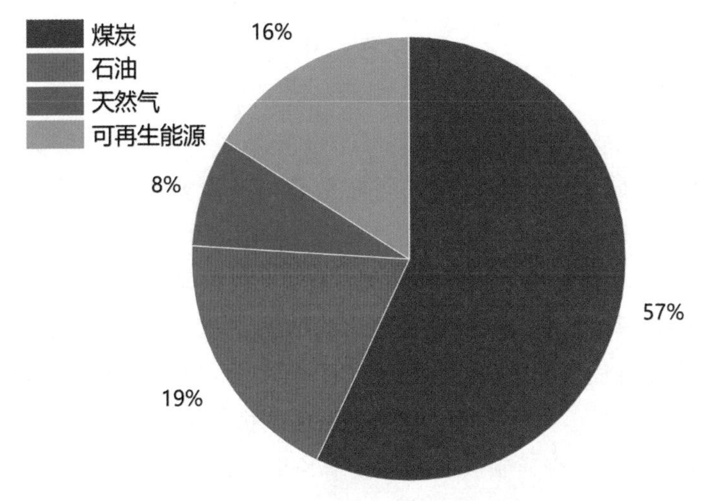

图 3-32　2018 年中国能源消费结构

的利用主要集中在村镇等远离城市的地区，这些地区拥有充足的生物质能资源（秸秆、稻草等），可通过建设沼气池、生物质气化装置等为居民提供燃料，进而减少对一次能源的依赖（图 3-33）。

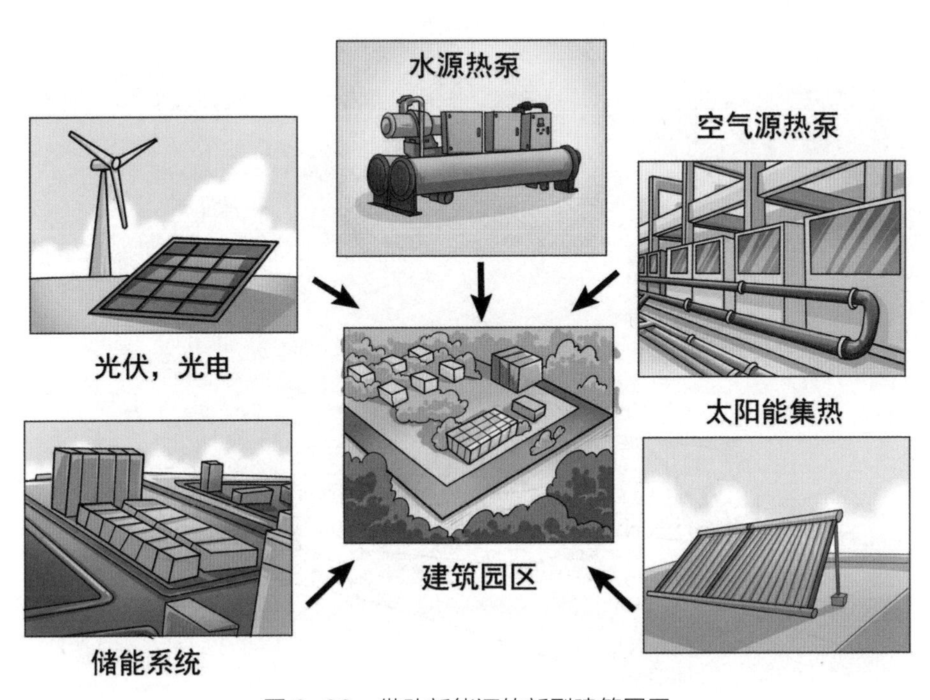

图 3-33　借助新能源的新型建筑园区

第五节　出行

一、居民出行中的碳排放现状

与建筑领域相同，交通领域同样是我国的主要碳排放领域之一（图 3–34）。改革开放以来，作为中国经济快速发展的一个重要组成部分，交通领域的发展十分迅速。国际能源署（IEA）数据显示，自 1990 年以来，我国年均碳排放总量与交通领域的年均碳排放量持续增加，并且交通领域的碳排放量占总排放量的比重逐年增加（图 3–35）。到 2020 年，我国年均碳排放总量已经超过了 100 亿吨，交通领域的碳排放量占我国总排放量的比重超过了 9%。此外，交通领域的碳排放增长率一直以来都稳居国内最高，自 2013 年以来，我国年均碳排放总量增速逐渐趋于平缓，但交通领域的年均碳排放量却始终保持较快增速，照此趋势，交通领域的碳排放量占比将越来越大，长此以往，其将成为实现“碳达峰、碳中和”目标的最大阻碍。

二、交通领域碳排放量增速较高的原因

是什么原因导致了交通领域居高不下的碳排放增长率呢？结合我国国情和社会发展阶段来分析，可以得到以下几点原因：

图 3–34　交通碳排放

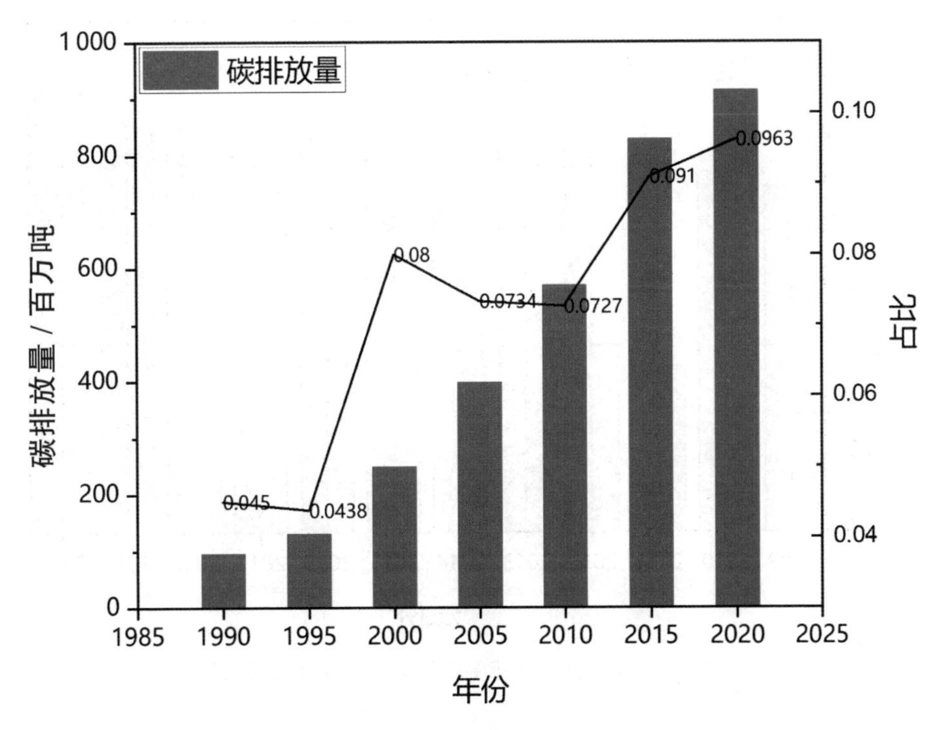

图 3-35　交通领域碳排放及占比

（1）与发达国家相比，我国仍处于机动化快速发展的阶段。公安部提供的数据显示，截至 2020 年底，我国机动车保有量为 3.72 亿辆，其中汽车保有量为 2.81 亿辆，与美国持平并列世界第一。但是，因为人口基数大，我国的千人汽车保有量目前仅为 200 辆，与 400 辆 / 千人的国际平均水平相比仍有较大差距。图 3-36 给出了 2009—2020 年我国与美国汽车保有量的变化趋势，通过该图可以看出，2020 年我国汽车保有量约是 2009 年的 3 倍，而美国近十年的汽车保有量仅增加了 0.7 亿辆左右。社会的机动化发展是我国经济水平与综合国力稳步提升的重要体现之一，更反映了人们对美好生活的向往和追求。在这一背景下，我国的机动车保有量将继续增长，控制交通领域碳排放居高不下的增长率仍然十分严峻。

（2）城镇化进程的驱使。国家统计局最新数据显示，2020 年底，我国常住人口的城镇化率达到了 60%，但与发达国家 80% 的水平相比仍有一定的差距。“十四五”纲要提出，到 2025 年末，我国的城镇化率要提高到 65%。大力推进城镇化进程，是稳固脱贫攻坚成果、减小贫富差距的有力举措。但是，城镇化进程的加快同样带来了交通需求的持续增长，我国的机动

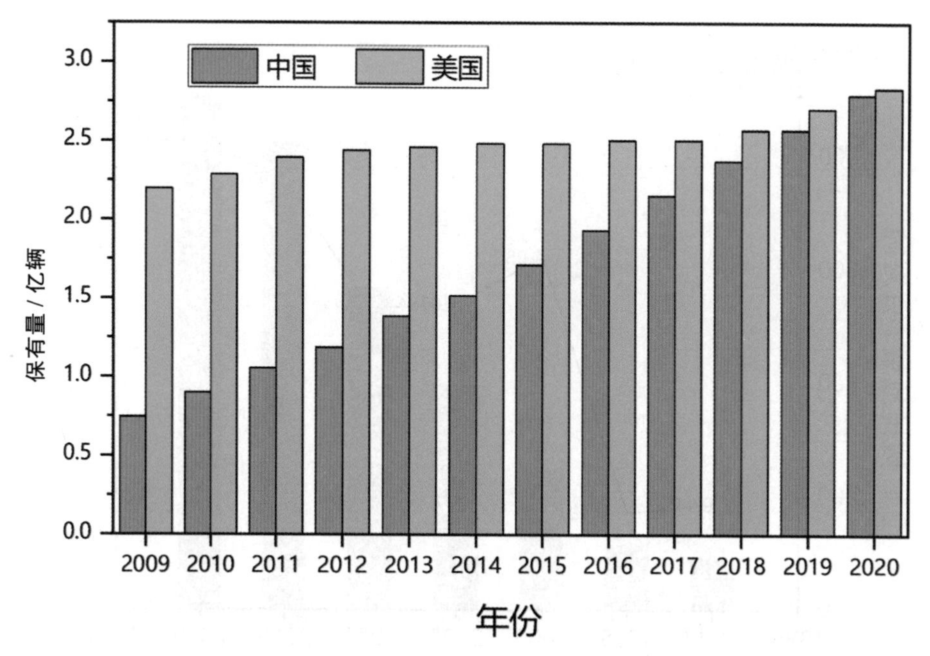

图 3-36　2009—2020 年中美两国汽车保有量趋势对比

车保有量将会进一步增加，这无疑会带来更高的碳排放量。另一方面，以北京、上海为代表的一线城市正逐步形成跨越城市的都市圈，这对交通运输领域提出了更高要求，极有可能导致交通运输领域碳排放量的持续增长。

三、控制交通领域碳排放的对策与建议

交通领域是节能减排的重要一环，根据有关部门的预测，若交通运输领域持续保持当下过高的碳排放增速，到 21 世纪中叶，其将成为完成“碳中和”任务的最大阻碍。那么，当下我们应该采取什么样的措施来控制交通领域的碳排放呢？结合交通运输领域的现有特性，可从以下几点开展交通运输领域的节能减排工作：

（1）转变交通出行模式。政府层面上，一方面，在现有限号出行的基础上进一步完善相关政策以减少人们对自驾出行的依赖，必要时可通过立法手段来确定相关政策的合法性。另一方面，进一步加大公共交通领域的基础设施建设，建立以共享单车、公交车、轻轨和地铁为主的多层次一体化公共交通体系，逐步提升公共交通的便捷性和舒适性。社会层面上，加大有关绿色出行相关内容的宣传教育，更好地引导群众绿色出行（图 3-37）。建立针对个人的碳排放评价体系，将每一个人的绿色出行行为等纳入该评价体系。个人层面，我们应积极响应国家和政府的相关号召，在日常生活中努力践行绿色出行这一理念。

图 3-37　公共出行

（2）加快推进新能源汽车行业的发展。与使用化石燃料为动力来源的传统内燃机车相比，新能源汽车（图 3-38）大多以电能、氢能等作为动力，其具有清洁无污染、可显著降低碳排放量的优势，必将在交通领域的减排中发挥不可替代的作用。但目前，新能源汽车行业仍处于起步阶段，根据图 3-39 给出的相关数据，自 2015 年以来，虽然我国新能源汽车的产量和销量逐年增加，但其占汽车总量的比重仍不足 5%。在机动化快速发展的背景下，我国的汽车保有量将继续增加，因此，加快推进新能源汽车行业的发展刻不

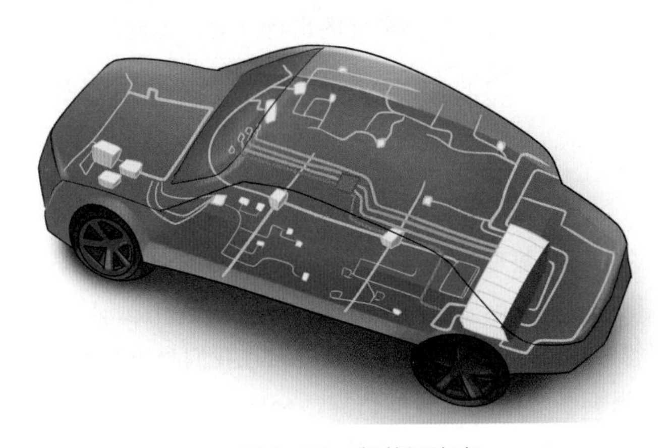

图 3-38　新能源汽车

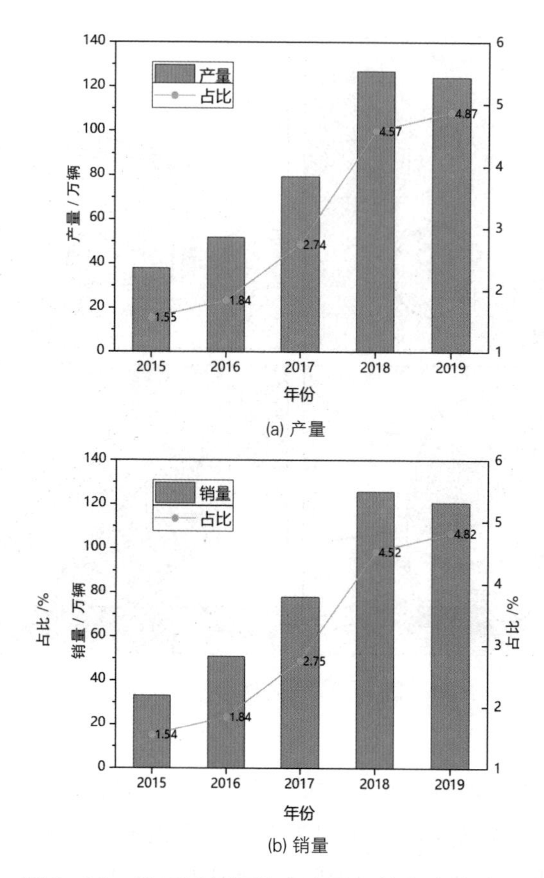

图 3-39　我国新能源汽车产量和销量占比变化情况

容缓。

（3）倡导智能交通。积极推进交通运输系统与卫星导航、计算机、人工智能以及大数据处理等技术的结合，构建城市交通网络，开发城市交通超级计算平台，为每一位驾驶者提供最优的出行方案，实现人、车、路协同发展，改善堵车问题，提高城市交通运输效率。

第六节　垃圾

一、垃圾中的碳排放现状

与电力、钢铁、交通等显而易见的高碳排放行业相比，垃圾产生的碳排放常常被人们忽略，但事实上，垃圾却是隐藏在我们身边的碳排放“高手”（图 3-40）。根据联合国环境署的估算，全球 8% ~ 10% 的碳排放与食品浪费和厨余垃圾发酵处理有关，每年因食品浪费而向大气排放的二氧化碳量

图 3-40　垃圾

高达 35 亿吨。

中国是世界人口第一大国，人们在满足了最基本的温饱需求后，不可避免地会造成各类食品的浪费，而大量的食品浪费无疑会导致更高的碳排放量。此外，我国正处在城市化进程的加速发展阶段，国民经济快速发展，人民生活水平不断提高，大量人口涌入城市，使得我国城市生活垃圾产量连年走高。图 3-41 给出了 2015—2020 年我国城市生活垃圾年均产量，可以发现，近五年里，我国的城市垃圾产量大体呈直线上升趋势，城市垃圾产量始终保持较高增速。此外，以 2019 年的相关数据为例，我国的城市生活垃圾大多

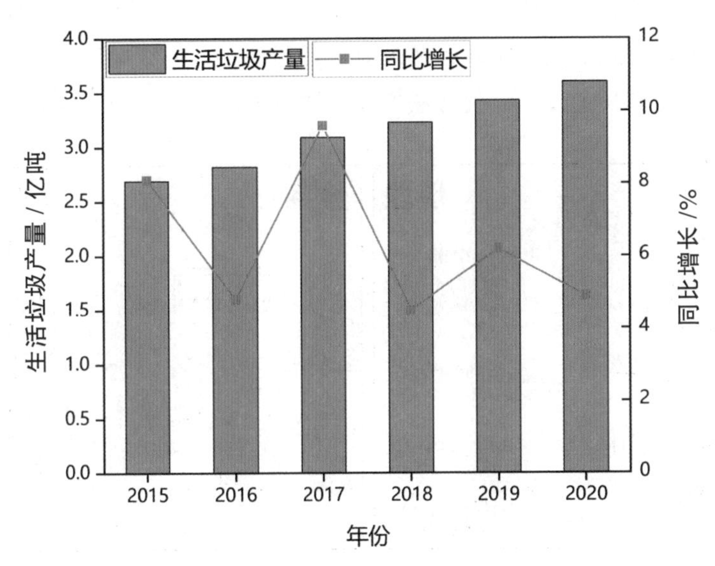

图 3-41　2015—2020 年我国年均城市生活垃圾量

来自大中城市。以北京为例，2019 年北京城市生活垃圾产量为 960 万吨，占全国城市垃圾总量的 2.80%。图 3-42 给出了我国城市生活垃圾排名前十的城市，分别为北京、上海、广州、深圳、成都、苏州、天津、杭州、武汉和西安，排名前十城市的垃圾产量占总产量的 18.78%，可见，减少垃圾中的碳排放应首先从大中城市入手，如图 3-42 所示。

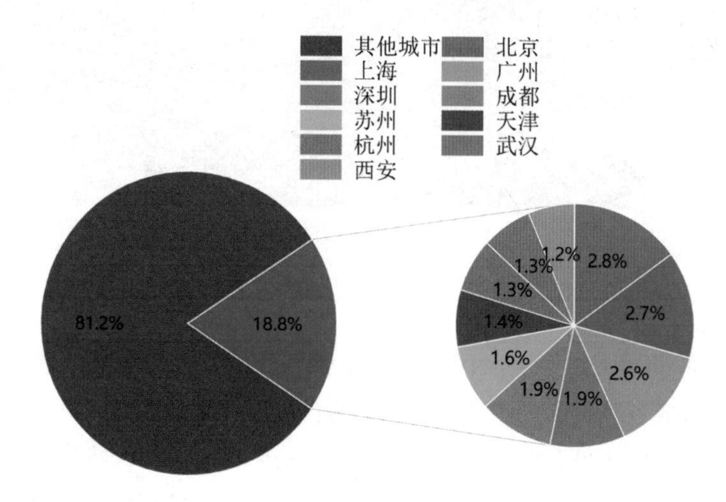

图 3-42　垃圾产量排名前十的城市生活垃圾占比

城市生活垃圾的处理一直以来都是难以解决的问题，当前我国城市生活垃圾的处理方式主要有卫生填埋、焚烧、堆肥等（图 3-43），各类处理方式所占的比重不同，从图 3-44 可以看出，卫生填埋一直以来都是我国最主要的垃圾处理方式。受国家政策及政府宏观调控的影响，近年来，垃圾焚烧技术在我国得到快速发展，焚烧法处理的垃圾占比逐年增加。各类处理方式

图 3-43　两种垃圾处理方式

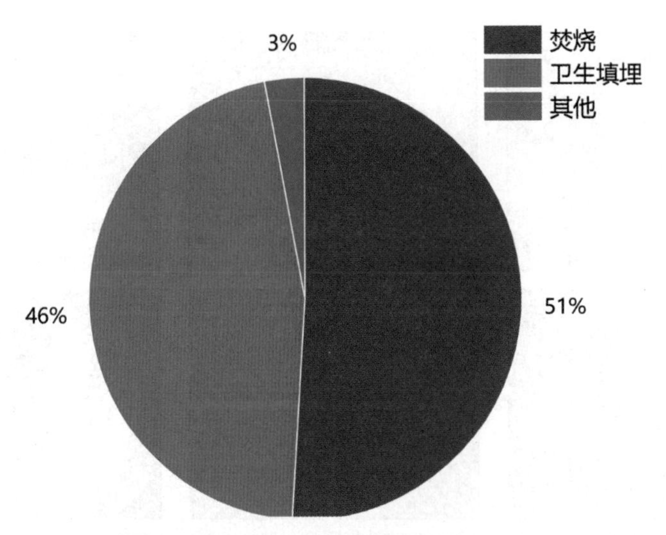

图 3-44　我国城市垃圾处理方式占比

所产生的碳排放量同样也是不同的，采用堆肥法处理城市垃圾时，1 kg 垃圾大约可产生 0.3 kg 的二氧化碳，其次是焚烧法，1 kg 垃圾在焚烧时产生的二氧化碳大约为 0.5 kg，卫生填埋法产生的碳排放量最高。当采用卫生填埋法处理城市生活垃圾时，城市生活垃圾中的有机物会因填埋而发生厌氧发酵，产生大量的甲烷和二氧化碳等温室气体。相关研究表明，甲烷的全球变暖潜能值（GWP）非常高，相当于二氧化碳的 25 倍。据估计，填埋 1 kg 生活垃圾与释放 1.16 kg 二氧化碳所造成的温室效应影响相当。

从类别上来看，我国城市垃圾共分为 4 大类 9 小类。4 大类分别为可回收垃圾、厨余垃圾、有害垃圾和其他垃圾（图 3–45），9 小类可分为厨余、织物、橡塑、金属、纸类、砖头、竹木、玻璃和其他。不同种类垃圾的碳排放量同样不同，在上述 9 种垃圾中，厨余、织物、橡塑、纸张和竹木 5 种垃圾组成成分中含有较高的可降解碳，处理时的碳排放量较高。其余 4 种垃圾中的碳含量非常少，在处理时不会产生较高的碳排放量。因此，对垃圾进行有效分类进而对不同垃圾采取有针对性的处理方式有助于减少由垃圾产生的碳排放。

二、针对垃圾处理的对策与建议

对城市生活垃圾的处理应该从垃圾的源头控制、前端收集、中间转运以及末端处置四个角度出发，以实现垃圾全生命周期的节能减排。

（一）源头控制

从源头控制各类垃圾的产量是最有效、最关键的节能减排措施，但是

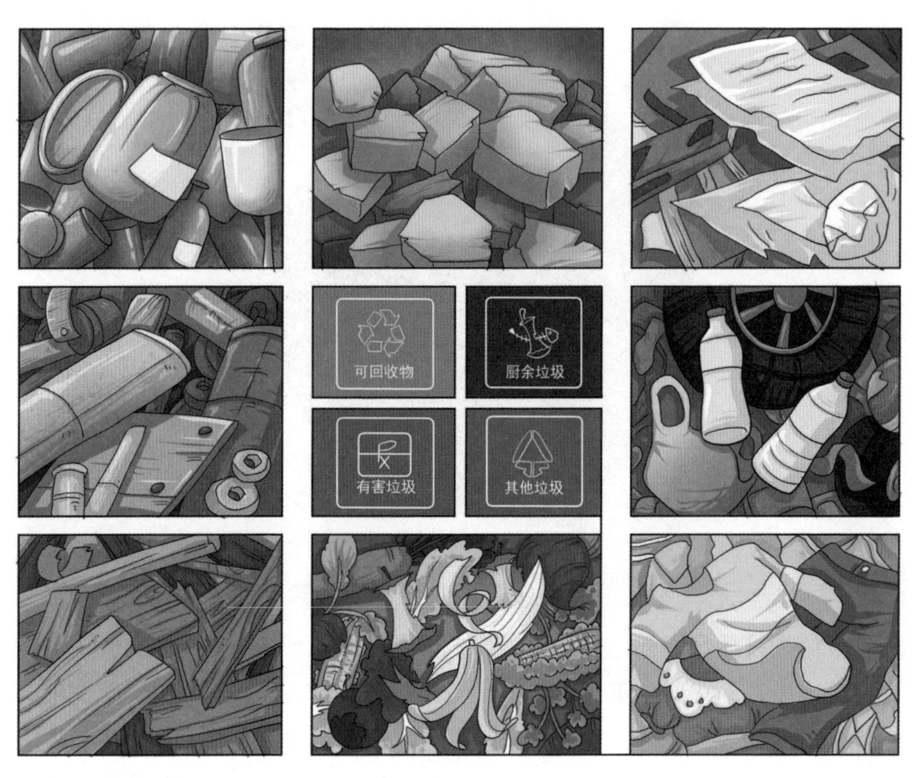

图 3-45　垃圾分类

却是实施起来最困难的，这需要全社会各行业、各部门以及全体民众的共同努力。对政府及社会来说，应大力宣传节能环保、绿色消费的理念，不断增强每一位公民的环保意识，减少垃圾的产生。对家庭来说，每一位父母都应培养孩子的环保意识，节能减排教育应从孩子抓起。对每一位公民来说，应积极响应政府号召（图 3-46），培养社会责任感，在生活中践行节能减排。

图 3-46　环保口号

（二）前端收集

针对垃圾种类复杂、成分差异较大等特性，应采取更加有效的垃圾分类措施。不同种类的垃圾处理方法一般是不同的，所造成的碳排放也是不同的，对垃圾进行合理的分类，有助于垃圾的分类处理，从而有效降低高含碳垃圾的碳排放量。2021 年 1 月，我国第一个碳中和垃圾分类回收站在成都落地（图 3–47）。该垃圾分类回收站将垃圾分为了纺织物、塑料、玻璃、废纸、金属等几类，并为民众做了详细的说明与引导，以方便民众根据不同垃圾类别进行分类投放。此外，该回收站首次使用了“碳中和数据秤”来对每一位居民的碳中和行为进行评估并积分。该碳中和垃圾分类回收站自投入使用以来，受到了附近居民的一致好评，国内其他城市应充分借鉴上述优秀经验，加快推进有关垃圾分类的基础设施建设和科普宣传。

图 3–47　垃圾分类回收站

（三）中间转运

在垃圾的节能减排中，中间转运环节同样不容忽视。中间转运应该从以下两个方面调控：（1）配备节能减排指标高的垃圾车，减少运输过程中垃圾腐烂发酵造成的气体逸出。（2）合理地建设垃圾中转站，降低垃圾车的能耗，优化垃圾中转系统（图 3–48）。

（四）后端处理

推进垃圾资源化处理（图 3–49）。垃圾被称作放错位置的资源，现有的垃圾处理方式主要是采用卫生填埋和焚烧，其目的仅仅是为了将垃圾处理

图 3-48　垃圾车及垃圾回收站

图 3-49　广西南宁垃圾焚烧发电厂

掉，不能充分发挥垃圾作为资源的价值。推进垃圾的资源化利用一方面可减少对化石燃料的使用，真正做到节能。另一方面，垃圾的规模化处理有助于集中收集垃圾处理产物，减少碳排放。因此，应大力推进垃圾资源化，加快相关技术的研发，拓展垃圾资源化利用新途径，从源头减少碳排放。

第四章 碳达峰、碳中和政策和法规

气候变化是当今世界共同面临的重大难题，需要各国联合解决。各国不同的发展阶段、不同的科技水平以及不同的环境导致了各国的碳排放量和碳减排能力不同，但都应本着“共同但有区别的责任”原则，共同为应对气候变化做出积极努力。应对气候变化是推动生态文明建设和促进我国经济高质量发展的重要抓手。把碳达峰、碳中和纳入生态文明建设整体布局，对我国应对气候变化工作提出了更高要求。

第一节 国际气候公约与碳排放公约

联合国政府间气候变化专门委员会（Intergovernmental Panel on Climate Change, IPCC）是世界气象组织（World Meteorological Organization, WMO）和联合国环境规划署 (United Nations Environment Programme, UNEP) 于 1988 年联合建立的政府间机构，其主要任务是对气候变化科学知识的现状、气候变化对社会、经济的潜在影响以及如何适应和减缓气候变化的可能对策进行评估，主要作用是在全面、客观、公开和透明的基础上，对世界上有关全球气候变化的现有最好科学、技术和社会经济信息进行评估（图 4-1）。

IPCC 机构由三个工作组（图 4-2）和一个专题组组成，分别是研究评估气候系统和气候变化的科学问题，评估社会经济体系和自然系统对气候变化的脆弱性、气候变化正负两方面的后果和适应气候变化的选择方案，评估限制温室气体排放并减缓气候变化选择方案的三个工作组以及国家温室气体清单专题组。

IPCC 分别于 1990 年、1995 年、2001 年、2007 年、2014 年和 2021 年先后公布了六次评估报告，这些报告已成为国际社会了解和认识气候变化问题的主要科学依据，但不具有政策指示性。如图 4-3 所示。

图 4-1　IPCC 全委会

图 4-2　IPCC 工作组

图 4-3　IPCC 六次评估报告

一、《联合国气候变化框架公约》

1992 年 5 月 9 日，联合国环境与发展大会通过《联合国气候变化框架公约》。我国于 1992 年 11 月经全国人民代表大会批准加入《联合国气候变化框架公约》（以下简称《公约》），并于 1993 年 1 月将批准书交存联合国秘书长处。《公约》于 1994 年 3 月 21 日生效，目前共有 197 个缔约方。其核心内容如下：

《公约》的目标是将大气中温室气体浓度稳定在防止发生由人类活动引起的、危险的气候变化水平上，这一水平应当在足以使生态系统能够可持续进行的范围内实现。

《公约》确立的基本原则是“共同但有区别的责任”原则、公平原则、各自能力原则和可持续发展原则。

《公约》将世界各国分为对人为产生的温室气体排放负主要责任的工业化国家和未来将在人为排放中增加比重的发展中国家两组。明确发达国家应承担率先减排和向发展中国家提供资金技术支持的义务。承认发展中国家有消除贫困、发展经济的优先需要。

《公约》所有缔约国都有义务编制本国温室气体排放源和碳汇的清单，同时承诺制定适应和减缓气候变化的国家战略，并在社会、经济和环境政策中考虑到气候变化带来的影响。

该公约是世界上第一个为全面控制二氧化碳等温室气体排放、应对全球气候变暖给人类经济和社会带来不利影响的国际公约（图 4-4）。

图 4-4　《联合国气候变化框架公约》

二、《联合国气候变化框架公约的京都议定书》

图 4-5 《联合国气候变化框架公约》京都议定书

《联合国气候变化框架公约的京都议定书》简称《京都议定书》（Kyoto Protocol）是《联合国气候变化框架公约》的补充条款（图 4-5）。我国于 1998 年 5 月签署并于 2002 年 8 月核准《京都议定书》。《京都议定书》于 2005 年 2 月 16 日生效，并要求发达国家从 2002 年就开始承担减排义务，而发展中国家从 2012 年开始承担减排义务。

《京都议定书》的目标是将大气中的温室气体含量稳定在一个适当的水平，进而防止剧烈的气候变化对人类造成伤害。

《京都议定书》规定了 6 种减排温室气体：二氧化碳（CO_2）、甲烷（CH_4）、氧化亚氮（N_2O）、氢氟碳化物（HFCs）、全氟化碳（PFCs）和六氟化硫（SF_6）。

《京都议定书》允许采取以下 4 种减排方式以促进各国完成温室气体减排目标：

（1）两个发达国家之间可以进行排放额度买卖的“排放权交易”，即难以完成削减任务的国家，可以花钱从超额完成任务的国家买进超出的额度。

（2）以“净排放量”计算温室气体排放量，即从本国实际排放量中扣除森林所吸收的二氧化碳的数量。

（3）可以采用绿色开发机制，促使发达国家和发展中国家共同减排温室气体。

（4）可以采用“集团方式”，即欧盟内部的许多国家可视为一个整体，采取有的国家削减、有的国家增加的方法，在总体上完成减排任务。

《京都议定书》规定国家整体在 2008 年至 2012 年间应将其年均温室气体排放总量在 1990 年的基础上至少减少 5%。

2014 年 6 月，中国递交了《〈京都议定书〉多哈修正案》的接受书。

中国高度重视应对气候变化的工作，将气候变化作为建设生态文明和美丽中国的重要组成部分，并列入国家发展规划，开展了大量适应和自主减缓行动。中国政府于 2014 年宣布，到 2020 年单位 GDP 二氧化碳排放比 2005 年下降 40%～45%。

三、《悉尼宣言》

2007 年 9 月在澳大利亚悉尼，亚太经合组织（APEC）第十五次领导人非正式会议第一阶段会议上通过了《亚太经合组织领导人关于气候变化、能源安全和清洁发展的宣言》（以下简称《悉尼宣言》）。

《悉尼宣言》指出经济增长、能源安全、气候变化相互关联，是亚太地区面临的主要问题。我们应致力于确保本地区的能源供应，同时积极应对环境挑战。《悉尼宣言》还强调可持续的森林管理和土地利用的重要性，认为在制定应对气候变化和能源安全的政策时应注意避免造成贸易和投资壁垒。

《悉尼宣言》提出努力实现一个意向性的亚太地区长期能效目标，即到 2030 年将亚太地区能源强度在 2005 年的基础上至少降低 25%。APEC 鼓励各成员为实现这一目标制定各自的目标和行动计划。行动计划还决定努力实现至 2020 年亚太地区各种森林面积至少增加 2 000 万公顷的意向性目标。会议同时决定建立亚太森林恢复与可持续管理网络以及亚太能源技术网络，加强森林领域能力建设和信息交流。APEC 领导人希望到 2030 年，GDP 每增长 1%，二氧化碳排放量的增长能控制在 0.75%。

四、《巴黎协定》

2015 年 12 月 12 日在巴黎气候变化大会（图 4–6）上通过了《巴黎协定》，对 2020 年后应对气候变化国际机制作出安排：

（1）目标：将全球平均升温控制在工业革命前的 2℃以内，争取控制

图 4–6　巴黎气变大会

在 1.5℃。

（2）尽早实现温室气体排放达到峰值，并争取在 21 世纪下半叶让全球实现温室气体净零排放。

（3）2030 年的全球温室气体排放降到 400 亿吨。

该协定标志着全球应对气候变化进入新阶段。2016 年 11 月 4 日，《巴黎协定》正式生效。

图 4-7 《巴黎协定》标志

截至 2021 年 3 月，《巴黎协定》签署方达 195 个，缔约方达 191 个。中国于 2016 年 4 月签署《巴黎协定》，并在同年 9 月，全国人大常委会批准中国加入《巴黎协定》。《巴黎协定》是继 1992 年《联合国气候变化框架公约》、1997 年《京都议定书》之后，人类历史上应对气候变化的第三个里程碑式的国际法律文本，形成 2020 年后的全球气候治理格局。如图 4-7 所示为《巴黎协定》标志。

五、我国的主要承诺

中国认为全球应对气候变化的进程是不可逆转的，更不能推迟的。中国承诺与其他缔约方一道确保全面有效持续实施《联合国气候变化框架公约》及其《京都议定书》和《巴黎协定》。《巴黎协定》是国际社会来之不易的成就，其旨在强化 2020 年后《公约》的实施。中国将继续坚持多边主义，坚持共同但有区别的责任原则、公平原则和各自能力原则，促进《巴黎协定》全面、平衡、有效实施，为推动构建公平合理、合作共赢的全球气候治理体系不断贡献“中国智慧”和“中国方案”（图 4-8）。

加强节能，提升能效，争取到2030年单位GDP的二氧化碳排放比2005下降60%

大力发展可再生能源与核能，争取到2030年非化石能源占一次性能源消费比重达到20%左右

大力增加森林碳汇，争取到2030年森林蓄积量比2005年增加45亿立方米

大力发展绿色经济，积极发展低碳与循环经济、研发推广气候友好技术

图 4-8 我国的主要承诺

第二节　国内相关政策和法律保障

一、国家层面重大决策部署

1.《2021 年国务院政府工作报告》和《国务院关于落实 < 政府工作报告 > 重点工作分工的意见》

2021 年 3 月 5 日，国务院总理李克强代表国务院向十三届全国人大四次会议做的政府工作报告中提出的“扎实做好碳达峰、碳中和各项工作”以及国务院印发的《关于落实〈政府工作报告〉重点工作分工的意见》，制定了 2030 年前碳排放达峰行动方案。方案内容主要有优化产业结构；扩大企业所得税优惠范围目录；建立碳排放交易市场；设立碳减排工具等。详细内容如表 4–1 所示。中国作为地球村的一员，将以实际行动为全球应对气候变化作出应有的贡献。

表 4-1　碳达峰行动方案

1	优化产业结构和能源结构，推动煤炭清洁高效利用，大力发展新能源，在确保安全的前提下积极有序发展核电；
2	扩大环境保护，节能节水等企业所得税优惠目录范围，促进新型节能环保技术、装备和产品研发应用，培育壮大节能环保产业、推动资源节约高效利用；
3	加快建设全国用能权、碳排放权交易市场，完善能源消费双控制度；
4	实施金融支持绿色低碳发展专项政策，设立碳减排支持工具。提升生态系统碳汇能力

2.《中国国民经济和社会发展第十三个五年规划纲要》（2016—2020）

《中华人民共和国国民经济和社会发展第十三个五年（2016—2020 年）规划纲要》（简称《规划纲要》）主要阐明国家战略意图，明确经济社会发展宏伟目标、主要任务和重大举措，是市场主体的行为导向，是政府履行职责的重要依据，是全国各族人民的共同愿景。

《规划纲要》坚持减缓与适应并重，主动控制碳排放，落实减排承诺，增强适应气候变化能力，深度参与全球气候治理，为应对全球气候变化作出贡献。纲要的主要内容有：有效控制温室气体排放、主动适应气候变化以及广泛开展国际合作（表 4–2）。

表4-2 “十三五”规划纲要具体内容

有效控制温室气体排放	1	有效控制电力、钢铁、建材、化工等重点行业碳排放；
	2	支持优化开发区域率先实现碳排放达到峰值；
	3	深化各类低碳试点，实施近零碳排放区示范工程；
	4	推动建设全国统一的碳排放交易市场；
	5	控制非二氧化碳温室气体排放；
	6	健全统计核算、评价考核制度，完善碳排放标准体系；
	7	加大低碳技术和产品推广应用力度
主动适应气候变化	1	在城乡规划、基础设施建设、生产力布局等经济社会活动中充分考虑气候变化因素，适时制定和调整相关技术规范标准，实施适应气候变化行动计划；
	2	加强气候变化系统观测和科学研究，健全预测预警体系，提高应对极端天气和气候事件能力
广泛开展国际合作	1	坚持共同但有区别的责任原则、公平原则、各自能力原则，积极承担与我国基本国情、发展阶段和实际能力相符的国际义务；积极参与应对全球气候变化谈判，推动建立公平合理、合作共赢的全球气候治理体系；
	2	深化气候变化双多边对话交流与务实合作，充分发挥气候变化南南合作基金作用，支持其他发展中国家加强应对气候变化能力

3.《中国国民经济和社会发展第十四个五年规划和2035年远景目标纲要》

《中华人民共和国国民经济和社会发展第十四个五年规划和2035年远景目标纲要》（简称《十四五规划和远景目标纲要》）阐明国家战略意图，明确政府工作重点，引导规范市场主体行为。《十四五规划和远景目标纲要》落实2030年应对气候变化国家自主贡献目标，制定2030年前碳排放达峰行动方案。完善能源消费总量和强度双控制度，重点控制化石能源消费。实施以碳强度控制为主、碳排放总量控制为辅的制度，支持有条件的地方和重点行业、重点企业率先达到碳排放峰值。推动能源清洁低碳安全高效利用，深入推进工业、建筑、交通等领域低碳转型。加大甲烷、氢氟碳化物、全氟化碳等其他温室气体控制力度。提升生态系统碳汇能力。锚定努力争取2060年前实现碳中和，采取更加有力的政策和措施。加强全球气候变暖对我国承受力脆弱地区影响的观测和评估，提升城乡建设、农业生产、基础设施适应气候变化能力。加强青藏高原综合科学考察研究。坚持公平、共同但有区别的责任及各自能力原则，建设性参与和引领应对气候变化的国际合作，推动落实《联合国气候变化框架公约》及《巴黎协定》，积极开展气候变化南南合作。

4. 新时代的中国能源发展白皮书

面对气候变化、环境风险挑战、能源资源约束等日益严峻的全球问题，中国树立人类命运共同体理念，促进经济社会发展全面绿色转型，在努力推动本国能源清洁低碳发展的同时，积极参与全球能源治理，与各国一道寻求加快推进全球能源可持续发展新道路。新时代中国的能源发展，为中国经济社会持续健康发展提供有力支撑，也为维护世界能源安全、应对全球气候变化、促进世界经济增长作出积极贡献（图 4–9）。

图 4–9　白皮书与人类命运共同体

在联合国、世界银行、全球环境基金、亚洲开发银行等机构和德国等国家支持下，中国着眼能源绿色低碳转型，通过经验分享、技术交流、项目对接等方式，同相关国家在可再生能源开发利用、低碳城市示范等领域开展广泛而持续的双多边合作。

支持发展中国家提升应对气候变化能力，深化气候变化领域南南合作，支持最不发达国家、小岛屿国家、非洲国家和其他发展中国家应对气候变化挑战。从 2016 年起，中国在发展中国家启动 10 个低碳示范区、100 个减缓和适应气候变化项目和 1 000 个应对气候变化培训名额的合作项目，帮助发展中国家能源清洁低碳发展，共同应对全球气候变化。

5.《关于加快建立健全绿色低碳循环发展经济体系的指导意见》

2021 年 2 月，《关于加快建立健全绿色低碳循环发展经济体系的指导意见》（以下简称《意见》）对外发布，我国首次从全局高度对建立健全绿色低碳循环发展的经济体系作出顶层设计和总体部署（表 4–3）。

表 4-3　碳中和主要目标

2025 年目标	2035 年目标
1 产业结构、能源结构、运输结构明显优化；	1. 绿色发展内生动力显著增强，绿色产业规模迈上新台阶；
2. 绿色产业比重显著提升，基础设施绿色水平不断提高，清洁水平持续提高；	2. 重点行业、重点产品能源资源利用效率达到国际先进水平；
3. 生产生活方式绿色转型成效显著，能源资源配置更加合理，利用效率大幅提高；	3. 广泛形成绿色生产生活方式；
4. 主要污染物排放总量持续减少，碳排放强度明显降低，生态环境持续改善；	4. 碳排放达峰后稳中有降；
5. 市场导向的绿色技术创新体系更加完善，法律法规政策体系更加有效；	5. 生态环境根本好转；
6. 绿色低碳循环发展的生产体系、流通体系、消费体系初步形成	6. 美丽中国建设目标基本实现

《意见》坚持系统观念，用全生命周期理念厘清了绿色低碳循环发展经济体系建设过程，明确了经济全链条绿色发展要求，推动绿色成为发展的底色，使发展建立在高效利用资源、严格保护生态环境、有效控制温室气体排放的基础上，统筹推进高质量发展和高水平保护，确保实现碳达峰碳中和目标，推动我国绿色发展迈上新台阶。

《意见》的出台，对于加快推动“十四五”绿色低碳发展，促进经济社会发展全面绿色转型，建设人与自然和谐共生的现代化具有重要意义。《意见》首次明确提出，使发展建立在有效控制温室气体排放的基础上，这对于实施积极应对气候变化国家战略，落实中央经济工作会议明确提出的做好碳达峰、碳中和工作具有重要的指导意义。

6.《“十三五”控制温室气体排放工作方案》

《“十三五”控制温室气体排放工作方案》（以下简称《方案》）（表4-4）是为了加快推进绿色低碳发展，推动实现2030年碳达峰目标而制定的。《方案》提出的我国“十三五”时期低碳发展的核心目标是，到2020年碳强度比2015年下降18%，碳排放总量得到有效控制，非二氧化碳温室气体控排力度进一步加大，碳汇能力显著增强。

表 4-4 “十三五”控制温室气体排放工作方案

一：低碳引领革命	加强能源碳排放指标控制，大力推进能源节约，加快发展非化石能源，优化利用化石能源
二：打造低碳产业体系	加快产业结构调整，控制工业领域排放，大力发展低碳农业，增加生态系统碳汇
三：推动城镇化低碳发展	加强城乡低碳化建设，建设低碳交通运输体系，加强废弃物资源化利用，倡导低碳生活方式
四：加快区域低碳发展	实施分类指导的碳排放强度控制，推动部分区域率先达峰，创新区域低碳发展试点示范
五：建设和运行全国碳排放权交易市场	建立全国碳排放权交易制度，启动运行全国碳排放交易市场
六：加强低碳科技创新	加强气候变化基础研究，加快低碳技术研发示范，加大低碳技术推广应用力度
七：强化基础能力支持	完善应对气候变化法律法规和标准体系，加强温室气体排放统计核算，建立温室气体排放信息披露制度，完善碳发展政策体系
八：广泛开展国际合作	深度参与全球气候治理，推动务实工作

《方案》对能源体系、产业经济、城乡发展等重点排放领域低碳发展的任务措施进行了全面部署。提升能源利用效率方面，明确实施能源消费总量和强度“双控”制度，要求 2020 年单位国内生产总值能源消费比 2015 年下降 15% 的同时，要把能源消费总量控制在 50 亿吨标准煤以内，基本形成以低碳能源满足新增能源需求的能源发展格局。在控制能源消费总量、减缓能源消费增速的同时，《方案》对能源结构优化也提出了明确要求，围绕“控煤、提气、发展非化石能源”进行了工作部署，要求控制煤炭消费总量，推动煤炭消费提早达峰，到 2020 年天然气占能源消费总量比重提高到 10% 左右，非化石能源比重提高到 15%。同时，明确要求 2020 年大型发电集团单位供电二氧化碳排放控制在 550 克二氧化碳 / 千瓦时以内，采用碳排放效率标准推动电力行业绿色低碳转型。

在产业领域，要求打造低碳产业体系。首次明确把低碳发展作为新常态下经济提质增效的重要动力，推动产业结构转型升级。提出加强控制工业领域碳排放，到 2020 年推动部分重化工业实现率先达峰，工业生产领域二氧化碳排放总量趋于稳定，单位工业增加值二氧化碳排放量比 2015 年下降 22%，为实现“2030 碳达峰目标”奠定良好基础。《方案》也对企业提出了要求，排放企业要加强碳排放管理，推广低碳新工艺、新技术，通过实施低碳标杆引领计划推动重点行业企业开展碳排放对标活动，到2020年主要高耗能产品单位产品碳排放要达到国际先进水平。

在城乡发展领域，要求推动城镇化低碳发展。明确提出在城乡规划中要落实低碳理念和要求，探索集约、智能、绿色、低碳的新型城镇化模式，鼓励编制城市低碳发展规划。到2020年城镇绿色建筑占新建建筑比重要达到50%，公共建筑要加强低碳化运营管理，农村地区生活用能方式要向清洁低碳转变，要开展零碳排放建筑试点示范。要求推进现代综合交通运输体系建设，发展低碳物流，完善公交优先的城市交通运输体系，深入实施低碳交通示范工程。首次提出要研究新车碳排放标准，采用“百公里碳排放”指标推动汽车行业绿色低碳转型。到2020年，营运货车、营运客车、营运船舶单位运输周转量二氧化碳排放要比2015年分别下降8%、2.6%、7%，城市客运单位客运量二氧化碳排放要比2015年下降12.5%。

《方案》还在控制非二氧化碳温室气体排放、增加碳汇以及推动碳捕集、利用和封存方面对相关领域提出了要求。控制非二氧化碳温室气体排放方面，在农业领域提出到2020年实现农田氧化亚氮排放要达到峰值；在工业领域提出重点工业行业要制定实施控制氢氟碳化物排放行动方案；在城乡建设领域提出加强废弃物资源化利用和低碳化处置等甲烷排放控制措施。增加碳汇方面，提出到2020年森林覆盖率达到23.04%、森林蓄积量达到165亿立方米、草原综合植被覆盖度达到56%等要求。碳捕集、利用和封存方面，要求在煤基行业和油气开采行业开展规模化产业示范，在工业领域开展试点示范。

二、部委及其他政策层面

1.《关于统筹和加强应对气候变化与生态环境保护相关工作的指导意见》

生态环境部于2021年1月印发了《关于统筹和加强应对气候变化与生态环境保护相关工作的指导意见》，该指导意见的具体内容如表4-5所示。

表4-5 《指导意见》的主要内容

1. 加快推进应对气候变化与生态环境保护相关职能协同、工作协同和机制协同，加强源头治理、系统治理、整体治理，以更大力度推进应对气候变化工作，实现减污降碳协同效应；
2. 从战略规划、政策法规、制度体系、试点示范、国际合作等5个方面，建立健全统筹融合、协同高效的工作体系，推进应对气候变化与生态环境保护相关工作统一谋划、统一布置、统一实施、统一检查；
3. 2030年前，应对气候变化与生态环境保护相关工作整体合力充分发挥，生态环境治理体系和治理能力稳步提升

2.《关于促进应对气候变化投融资的指导意见》

2020 年 10 月 26 日，生态环境部、国家发改委、人民银行、银保监会、证监会五部门联合发布《关于促进应对气候变化投融资的指导意见》（以下简称《指导意见》），首次从国家政策层面将应对气候变化投融资（以下简称气候投融资）提上议程，对气候变化领域的建设投资、资金筹措和风险管控进行了全面部署（图 4-10）。

图 4-10　中国气候投融资国际研讨会

《指导意见》从多个角度进一步强调了气候投融资与绿色金融的协同。在政策方面，提出要加强气候投融资与绿色金融的政策协调配合；在标准制订上，强调气候投融资标准要与绿色金融标准协调一致；在试点建设上，明确要积极支持绿色金融区域试点工作；在产品创新上，支持和激励各类金融机构开发气候友好型的绿色金融产品；在部门协同上，提出将气候投融资作为银行业金融机构和保险公司的绿色支行（部门）的重要工作内容。

《指导意见》强调，要统筹推进气候投融资标准体系的建设，通过制订气候项目标准、完善气候信息披露标准、建立气候绩效评价标准，充分发挥以上标准对气候投融资活动的预期引导和倒逼促进作用。

三、 江苏省相关政策

1.《关于深入推进美丽江苏建设的意见》

2020 年 8 月，江苏省委省政府下发《关于深入推进美丽江苏建设的意见》，提出“以优化空间布局为基础，以改善生态环境为重点，以绿色可持续发展为支撑，以美丽宜居城市和美丽田园乡村建设为抓手，建设美丽江苏，共创幸福家园，充分彰显自然生态之美、城乡宜居之美、人文特色之美、文明和谐之美、绿色发展之美，让美丽江苏美得有形态、有韵味、有温度、有质感，成为强富美高最直接最可感的展现，成为江苏基本实现社会主义现代化的鲜明底色”（图 4-11）。

图 4-11　绿色江苏

2.《江苏省国民经济和社会发展第十四个五年规划和 2035 年远景目标纲要》

《江苏省国民经济和社会发展第十四个五年规划和 2035 年远景目标纲要》（以下简称《纲要》），主要阐明“十四五”时期的发展思路、主要目标、重点任务和政策取向，是政府履行职责的重要依据，是全省人民共同奋斗的行动纲领。

《纲要》强调实施碳排放总量和强度“双控”，抓紧制定 2030 年前碳排放达峰行动计划，支持有条件的地方率先达峰。推进大气污染物和温室气体协同减排、融合管控，开展协同减排政策试点。健全区域低碳创新发展体系，制定重点行业单位产品温室气体排放标准。推进碳排放权交易，增强碳汇能力，创建碳排放达峰先行示范区，建设一批“近零碳”园区和工厂（图 4-12）。

图 4-12　无锡零碳工厂

3.《2021 年推动碳达峰、碳中和工作计划》

2021 年 5 月江苏省生态环境厅发布了《2021 年推动碳达峰、碳中和工作计划》（以下简称《计划》）。这是全国首创省级生态环境系统关于碳达峰、碳中和的年度工作计划，是全省生态环境系统打好减污降碳协同“主动仗”的“布阵图”。《计划》分“加强碳达峰工作顶层设计”“推动重点领域碳达峰工作”“建立碳减排监测统计考核体系”“加强碳达峰法规、政策、技术研究”“加强碳达峰工作组织保障”等 5 大类 22 项任务，坚持因地制宜、突出重点、协调联动、注重实操，加强短期行动与长期方案的衔接。

《计划》围绕省委十三届九次全会提出的“在全国达峰之前率先达峰”要求，组织编制江苏省“十四五”应对气候变化专项规划。配合省发展改革委制定《全面贯彻新发展理念做好碳达峰碳中和工作的实施意见》和《江苏省 2030 年前二氧化碳排放达峰方案》。推动构建“1+1+6+9+13+3”碳达峰行动体系，精准指导各设区市制定本地区二氧化碳排放达峰行动方案。推进能源、工业、交通、建筑、农业农村、数据中心和 5G 新型基础设施等重点领域以及电力、钢铁、石化、化工、水泥、平板玻璃、纺织印染等重点行业编制专项达峰行动方案。

4.《江苏省“十三五”控制温室气体排放实施方案》

《江苏省“十三五”控制温室气体排放实施方案》明确到 2020 年，单位国内生产总值二氧化碳排放比 2015 年下降 20.5%，非化石能源占能源消费比重提高到 11% 左右，林木覆盖率提高到 24%，碳排放总量得到有效控制。控制氢氟碳化物、甲烷、氧化亚氮、全氟化碳、六氟化硫等非二氧化碳温室气体排放取得明显成效。显著增强碳汇能力。支持优化开发区域率先实现碳排放峰值目标。能源体系、产业体系和消费领域低碳转型取得积极成效。建立具有江苏特色的碳市场体系，并与全国碳市场有效对接。健全应对气候变化的统计核算、评价考核和责任追究制度，深化低碳城市、低碳城镇、低碳园区和低碳社区等试点示范建设。鼓励社会公众广泛参与，营造积极应对气候变化的良好社会氛围（表 4-6）。

表 4-6　江苏省“十三五”方案的主要内容

<table>
<tr><td>1. 单位国内生产总值二氧化碳排放比 2015 年下降 20.5%；</td><td rowspan="2">4. 控制氢氟碳化物、甲烷、氧化亚氮、全氟化碳、六氟化硫等非二氧化碳温室气体排放取得明显成效；</td></tr>
<tr><td>2. 显著增强碳汇能力；</td></tr>
<tr><td>3. 支持优化开发区域率先实现碳排放峰值目标；</td><td>5. 建立具有江苏特色的碳市场体系，并与全国碳市场有效对接</td></tr>
</table>

《江苏省“十三五”控制温室气体排放实施方案》提出：推动部分区域率先达峰。支持苏州、镇江等优化开发区域在 2020 年前实现碳排放率先达峰，鼓励淮安、南京、常州、无锡等城市提出峰值目标，明确达峰路线图和时间表。鼓励设区市研究探索开展碳排放总量控制。鼓励镇江等“中国达峰先锋城市联盟”城市和其他具备条件的城市加大减排力度，完善政策措施，力争提前完成达峰目标。

第三节　欧盟和美国的相关政策和法规

一、《里斯本条约》

2007 年 10 月，在欧洲理事会里斯本非正式会议上通过了由政府间会议起草的《里斯本条约》。该条约在环境一篇中，正式将应对气候变化纳入欧盟的环境政策目标。这是欧盟的基础条约中首次将应对气候变化纳入其中，该条约明确规定在国际层面采取措施，解决区域和全球范围的环境问题，特别是应对气候变化。

《里斯本条约》生效后，在哥本哈根气候会议上，欧盟及欧盟成员国都发挥了积极的作用，会议通过的《哥本哈根协议》是一个对所有缔约方都具有法律约束力的减排目标议程安排和时间表。《里斯本条约》增强了欧盟节能减排工作的行动能力，使欧盟在今后的气候变化国际谈判中发挥了更大的作用（图 4-13）。

图 4-13　哥本哈根气候会议

二、《欧洲绿色协议》

2019 年 12 月，欧盟委员会正式发布《欧洲绿色协议》（以下简称《协议》）。《协议》是欧盟委员会执行联合国《2030 年可持续发展议程》和可持续发展目标以及欧盟委员会主席冯德莱恩施政纲领的重要部分。

《协议》几乎涵盖了所有经济领域，是一份全面的欧盟绿色发展战略，旨在将欧盟转变为一个公平、繁荣的社会以及富有竞争力的资源节约型现代化经济体，力争到 2050 年欧盟温室气体达到净零排放并且实现经济增长与资源消耗脱钩。

《协议》描绘了欧洲绿色发展战略的总体框架，并提出了落实该协议的关键措施。主要包括三大领域：一是促进欧盟经济向可持续发展转型，二是欧盟担当全球绿色发展的领导者，三是出台《欧洲气候公约》以推动公众对绿色转型发展的认可与参与。其中，第一部分即促进欧盟经济向可持续发展转型是本协议的核心内容，涵盖了气候目标的提高，能源、工业、建筑、交通、农业等各领域的转型发展，生态环境和生物多样性的保护以及将可持续性纳入投融资、国家预算、研究创新等各项欧盟政策，并说明了如何确保转型公平、公正（表 4-7）。

表 4-7　欧洲绿色协议主要内容

1. 提高 2030 年和 2050 年的气候雄心；	5. 一个朝向无毒环境的零污染壮志；
2. 提供清洁、可负担和安全的能源；	6. 保护并修复生态系统和生物多样性；
3. 调动企业发展清洁循环经济；	7. 一个公平、健康、环境友好的食品体系；
4. 高能效和高资源效率建造及翻新建筑；	8. 加快向可持续及智慧出行的转变

《协议》提出要提高欧盟2030年温室气体减排目标，即比1990年水平降低至少50%，力争达到55%（原目标为降低40%）。

《协议》提出要发展绿色投融资，并确保公正合理的转型。

《协议》提出需要重新制定经济、工业生产与消费、大规模基础设施建设、交通运输、粮食与农业、建筑、税收社会福利等领域的清洁能源供应政策。同时，必须更加重视生态系统的保护和修复、实现资源的可持续利用并改善人类健康。

《协议》在提出了一系列支持欧盟自身经济向可持续发展转型的政策与措施后，也指出气候变化和环境退化等全球性挑战需要全世界一起应对，并强调了欧盟将树立起榜样形象，成为全球绿色协议的有力倡导者。

三、《欧洲气候法》

2021年5月10日，欧洲议会环境委员会投票通过了《欧洲气候法》草案。《欧洲气候法》将《欧洲绿色协议》中提出的目标，即“到2050年欧洲经济和社会实现气候中和”写入法律。

《欧洲气候法》旨在确保欧盟的所有政策，都能围绕着减排、绿色技术投资和保护自然环境开展，以确保欧盟国家整体实现温室气体净零排放这一目标，并确保所有经济社会部门都发挥作用。

《欧洲气候法》还建立一个监督系统，其可在需要时采取相关措施，以确保向“碳中和”目标的实现。与此同时，其还将采取一系列措施以保证各个成员国之间的公平与团结（图4-14）。

图4-14　欧洲议会环境委员会

四、《欧洲气候公约》

《欧洲气候公约》是 2020 年 12 月在欧盟范围内启动的一项倡议，其目的在于通过充分地吸引接纳民众、社区和组织参与气候行动，来建设一个更绿色的欧洲。作为《欧洲绿色协议》的一部分，其希望能为每个人、每个社区和组织提供一个平台，就有关气候危机的议题来不断地交流信息、知识，促进社会各界对气候变化的了解与认知，并就开发、实施和开拓解决方案进行讨论，群策群力，逐渐使之成为不断发展的欧洲气候运动的一部分。

有效应对气候变化，化解气候危机，单单依赖国家以及权力机关行动、依靠法律和政策的执行是不够的。人们的日常生活对解决气候危机同样是至关重要的。《欧洲气候公约》呼吁要将所有人都聚集起来，为实现碳中和目标共同努力。该公约将聚焦传播绿色低碳意识和开展绿色低碳行动，并为公众提供了多种多样的参与方式，比如成为气候公约大使、互相鼓励采取气候友好行动并做出承诺等。在启动阶段，该公约将重点放在绿色区域、绿色交通、绿色建筑和绿色技能四个领域。

绿色区域意味着需要在城市中种植更多树木和拓展其他的“绿色空间”，发挥其吸收气态污染物和降低气温的双重作用。同时，其对维护农村地区的绿色区域，保护生物多样性、发展农业和生态旅游业也十分有益。

绿色交通则指出在确保人们能够享有高效的出行方式的同时，兼顾环境保护和人类身心健康的保护，因为各类交通工具的使用是大气污染物与二氧化碳的重要来源之一。借助数字交通与公共交通等环保出行方式，可以使我们的城镇更加清洁。《欧洲气候公约》鼓励人们以更健康、更绿色的方式出行，并鼓励地方政府加大对绿色交通领域的投资。

绿色建筑则是为了使建筑物更加环保而使用低碳材料来建造新建筑物，同时对现有建筑物进行改造，以减少其温室气体排放，并使它们能够更好地承受与气候有关的危害，如热浪的影响。

绿色技能则是指通过教育和培训机构来促进和支持人们发展绿色技能，鼓励企业利用向绿色经济过渡的契机，帮扶那些待业者或择业者。

五、美国《总统气候行动计划》

2013 年 6 月 25 日，美国总统奥巴马公布了第一份全国气候行动计划——《总统气候行动计划》（以下简称《计划》）（The President's Climate Action Plan, PCAP），并从减少温室气体排放、应对气候变化的不利影响和领导应对气候变化国际合作等 3 个方面明确了联邦政府将采取的系列措施和目标。

《计划》重申，到 2020 年，美国将实现在 2005 年基础上减排温室气体 17% 的目标，在减少化石能源使用、发展清洁能源和减少能源浪费等方面采取一系列新举措。发电厂碳排放量约占全美温室气体总量的 1/3，责成美国环保局与州政府、产业界合作，在目标期内针对电厂制定 CO_2 排放标准；增加清洁能源研发与示范投入，推动美国可再生能源发电装机到 2020 翻一番；同时由白宫国内政策委员会、科技政策办公室牵头，启动每 4 年一次的能源评估；制定电器、建筑能效、重型车辆燃油等标准，到 2020 年，实现商业和公共建筑能效提高 20%，到 2030 年，实现累计减少 CO_2 排放量 30 亿吨。

美国将通过主要经济体能源与气候论坛等平台，进一步加强主要碳排放大国间的沟通、协调与合作。拓展与中国、印度、巴西等新兴大国在能源与气候等方面的合作。以亚太经合组织共识为基础，在国际贸易组织发起关于环境产品和服务全球自由贸易的谈判。停止在国外援助非碳捕集与封存或非超高效的燃煤电厂的建设。美国将继续推动《哥本哈根协议》、德班平台等成果进程中的作用。在《蒙特利尔议定书》的指导下，推动全球削减氢氟碳化物，在国际海事组织、国际民航组织协作下，推动航空、航海行业应对气候变化。

六、美国《关于应对国内外气候危机的行政命令》

2021 年 1 月 27 日，美国总统拜登签署了《关于应对国内外气候危机的行政命令》（图 4–15），将应对气候变化上升为“国策”，明确提出“将气候危机置于美国外交政策与国家安全的中心”。

拜登政府重新提交承诺，重新加入《巴黎协定》。制定气候融资计划，战略性地利用多边和双边渠道和机构，帮助发展中国家应对气候危机。

该命令承诺美国在 2050 年前实现净零排放的目标，并强调将动员全政府范围、全部机构部门的能力来应对气候危机。为此，该命令正式成立了一个白宫国内气候政策办公室，由国家气候顾问或总统助理领导，负责协调和执行总统的国内气候议程。同时成立了一个国家气候工作组，集合了来自 21 个联邦机构和部门的领导人，以动员全政府范围的相关部门采取措施应对气候危机。

图 4–15 《关于应对国内外气候危机的行政命令》的主要部署

第一节 碳交易背景

目前，作为推进温室气体减排、应对气候变化的有效手段，碳交易、碳金融在世界范围内呈现蓬勃发展之势。本章从经济视角对碳交易、碳金融的权利基础——碳排放权进行系统的理论阐释，从历史与当下、国外与国内等多个维度对碳排放权的理论与制度进行深入考察分析，回答碳排放权、碳交易、碳金融等一系列问题，可为碳交易、碳金融的理论研究、立法设计和实践发展提供有益参考。

碳排放权（Carbon Emission Right），简而言之是指向大气排放一定数量的温室气体的权利。碳排放权交易简称碳交易，是指在《京都议定书》（图 5-1）的背景下，欧美等发达国家引入的基于市场的碳减排政策，其在减少高耗能行业碳排放和化石能源消耗方面具有显著的效果。碳排放权交易是指企业在碳市场内开展配额和国家核证自愿减排量的交易行为。政府以经

图 5-1 《京都议定书》签署

过核算的历史碳排放数据或行业标杆数据为依据，给企业分配下年度的排放配额，如果碳排放量低于配额，即可出售剩余配额；如果排放量高于配额，则必须从市场上购买配额使用。在确保实现国家减排目标的前提下，通过碳市场实现减排资源的有效配置，最低成本实现温室气体减排目标。与行政指令、经济补贴等减排手段相比，碳排放权交易机制是基于市场机制的低成本、可持续的碳减排政策工具。

为了减少温室气体排放和缓解全球气候变化，全球所有国家都认识到碳减排和可持续发展的重要性，并发布了一系列政策和机制。其中，碳交易具有最显著的影响。 碳交易是通过市场经济促进环境保护的重要机制。根据国家（或地区）的总碳排放，允许企业在碳交易市场中贸易碳排放权，实现已建立的碳排放减排目标。碳交易的本质是一个可交易配额制度。中国的目标是于 2030 年达到碳排放的峰值，并在 2060 年实现碳中和。

2010 年 9 月，国务院公布《关于加快培育和发展战略性新兴产业的决定》，首次提及要建立和完善碳排放权交易制度。2011 年 3 月公布的《国民经济和社会发展十二五规划纲要》提出要“逐步建立碳排放交易市场”。2011 年 10 月，北京市、天津市、上海市、重庆市、广东省、湖北省和深圳市等七省市获准在“十二五”期间开展碳排放权交易试点，逐步建立国内碳排放权交易市场，推动运用市场机制实现温室气体减排。随后，参与试点的各省市陆续开始试行碳排放权交易。截至 2014 年 10 月，试点省市共交易 1 375 万吨二氧化碳，累计成交额超过 5 亿元人民币。2014 年 12 月，国家发展改革委颁布《碳排放权交易管理暂行办法》，为碳排放权交易试点提供规范依据。目前，各试点地区碳交易进展平稳（图 5-2）。

图 5-2 碳排放权交易概念图

一、碳排放权交易

党中央、国务院高度重视我国碳排放权交易市场建设。党的十八大报告和十八届三中全会、五中全会明确要求在我国推行碳排放权分配制度，建立碳排放权交易市场。《中共中央国务院关于加快推进生态文明建设的意见》《生态文明体制改革总体方案》《十三五规划纲要》和《“十三五”控制温室气体排放工作方案》等重要文件均对开展和深化碳排放权交易试点、建设全国碳排放权交易体系做出了具体要求和部署。2018 年 4 月，应对气候变化工作职能划转到生态环境部，为推进全国碳市场建设，2019 年以来，生态环境部做了一系列工作，包括《碳排放权交易管理暂行条例》及相关配套细则公开征求意见、注册登记和交易系统建设运行方案出台、重点排放单位 MRV 配额管理规范、基础能力建设和培训等（图 5-3）。

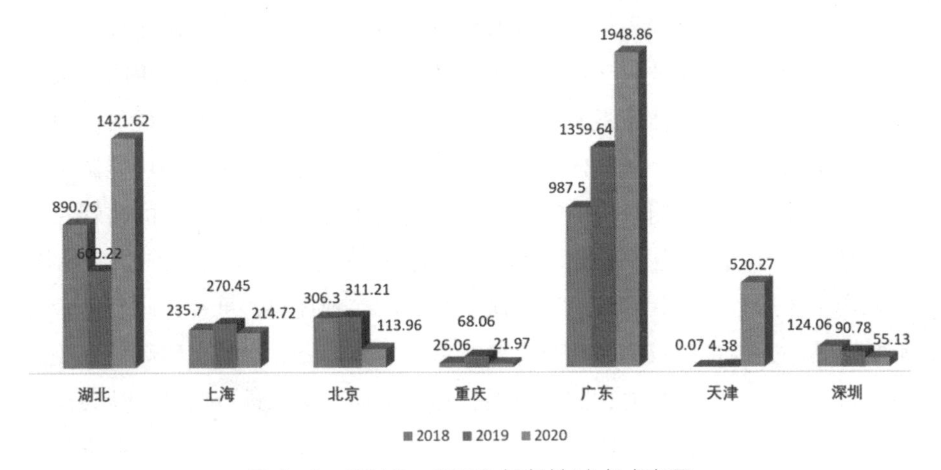

图 5-3　2018—2020 年各地试点成交量

碳排放权交易主体是指参与碳排放权交易活动，在交易中享有权利、承担义务的组织与个人，理论上外延包括企业、政府、社会组织与个人。交易主体是碳排放权交易市场（图 5-4）的基本构成要素，以是否为碳排放权交易合同的当事人为依据，可将碳排放权交易主体分为碳排放权交易合同法律关系主体和非碳排放权交易合同法律关系主体两类。

碳排放权交易监管主体有政府监管主体与社会监管主体之分，二者的监管作用不同，后者协助前者实施监管。第一，对政府监管，实行专门机构统一监管与相关机构分工配合的监管组织形式。从纵向来看，在单一碳排放权交易市场中，政府专门监管机构相应较为单一，如美国加利福尼亚州碳排放

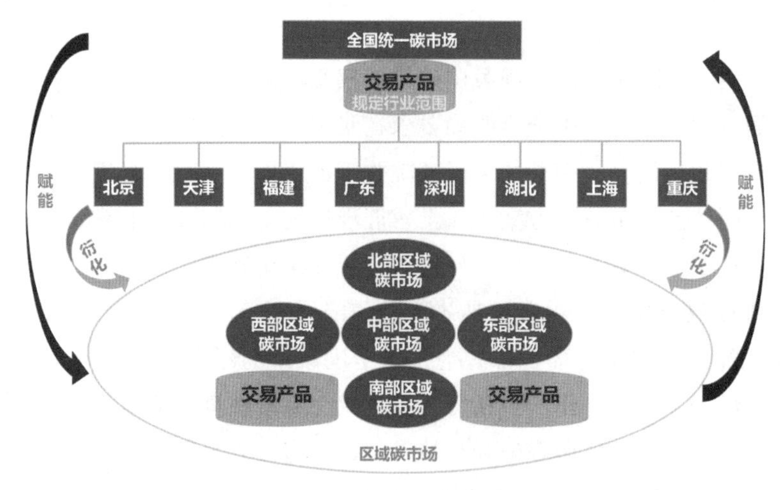

图 5-4　全国统一碳市场

权交易市场由空气资源委员会 (ARB) 统一进行监管。在由多个碳排放权交易市场构成的区域碳排放权交易体系中，政府专门监管机构的组成更为复杂，如欧盟碳排放权交易体系，不仅有欧盟委员会进行监管，还有各成员国内设的专门机构进行监管。从横向来看，碳排放交易活动，涉及金融、能源多个领域，因此除受到专门机构的监管外，还受到相关领域监管机构的监管。

第二，社会监管主体是指碳排放权交易所、核证机构等第三方监管主体。由社会主体进行监管具有政府监管所不具有的多种优势，可补充政府监管之不足。其一，碳排放权交易环节众多、参与主体多元、交易次数频繁，政府监管机构囿于人力、物力、财力所限，难以全面、深入进行监管。社会监管主体的介入，可弥补政府监管能力之不足。其二，政府监管机构一般不参与碳排放权交易的过程，是以“局外人”的角色进行监管，难以及时掌握交易信息与发现存在问题；社会监管主体往往直接参与交易过程，如没有碳排放权交易所的参与，交易双方难以达成交易协议并完成权利移转，其“局中人”的角色有助于及时掌握市场信息，发现问题并采取应对行动。其三，碳排放权交易过程中涉及较多专业性、技术性的问题，这要求监管人员需具备专业知识与技能才能履行好监管职责。核证机构等社会监管主体的介入，有利于解决专业监管人员不足的问题。其四，根据行政法中的行政合法性原则，政府机构监管权力的行使以法有明文规定为限，遵循“法律优位”与“法律保留”的要求，即法有明文规定不得违，法无明文规定不得为。

第二节 碳交易基本知识

碳排放权是“排污权”的一个重要组成部分，是指排放主体在有关部门的监管下享有的向大气环境排放二氧化碳等温室气体的权利。由于环境容量资源具有稀缺性，因此排放主体的排放份额是有限的，以确保其排放行为符合污染物排放标准且不损害公众环境利益。然而，在碳排放量的实际分配过程中，常常会出现配置“错位”现象，且不同行业、不同国家的减排成本存在较大差异，这就赋予碳排放权以潜在的交换价值。1997 年由联合国气候大会通过的《京都议定书》不仅以法律文件的形式限制各缔约国家（主要是发达国家）的温室气体排放，而且针对减排目标提出了碳排放权交易机制，即在总量可控的前提下，碳排放权可作为一种商品进行买卖。碳排放权交易在具有商品属性的理论基础上引入市场化手段激励减排，与直接强制碳排放主体承担社会成本的行政管制手段相比，更能实现环境资源的优化配置，提高环境污染治理效率，达到控制碳排放总量的目标，由此在各国以碳排放权为主要对象的碳交易市场日益兴起并获得不断发展（图 5-5）。

图 5-5 碳交易市场

基于不同的交易对象，国际碳市场可分为以项目为基础的交易市场和以配额为基础的交易市场两类（见表 5-1）。在以项目为基础的交易市场中，交易对象是通过实施温室气体减排项目而获得排放减量权证。典型的项目市

表 5-1 配额市场和项目市场的比较

特征	以项目为基础的碳交易市场		以配额为基础的碳交易市场
京都机制	联合履约机制（CDM）	清洁发展机制（JI）	国际排放权交易机制（IET）
交易对象	碳信用（Carbon Credit）	碳信用（Carbon Credit）	配额（Allowance）
计量工具	经核证的减排量（CER）	减排单位（ERU）	分配数量单位（AAU）
参与主体	发达国家和发展中国家	发达国家之间	发达国家之间

场是基于《京都议定书》的联合履约机制（CDM）和清洁发展机制（JI），在这两种机制作用下，减排成本较高的国家通过在减排成本较低的国家投资节能减排项目，获得与项目减排效益等价的碳排放额度用以抵消自身的减排义务，实现量化减排承诺，最终实现双赢互利的效果。CDM 是在发达国家和发展中国家之间发生的交易，发达国家获得“经核证的减排量”（CER），JI 则只针对发达国家之间的合作，投资国获得“减排单位”（ERU）。在以配额为基础的交易市场中，政策制定者在限定碳排放总量后将一定排放额度分配给经济主体，参与者根据自己的需求情况在碳市场上进行碳排放配额的交易。如《京都议定书》中确定的国际碳排放权交易机制（IET），发达国家可在排放总量不变的条件下相互转让与获得“分配数量单位”（AAU），超额完成减排任务的国家可以通过有偿交易获取利润，而碳排放水平较高的国家可以通过购买多余的配额来降低违约风险。目前，就各个国家碳排放权交易的实践情况来看，配额交易市场在全球碳排放权交易市场中占据主导地位。

除此之外，国际碳市场还有许多细分标准。根据交易动机不同，可分为自愿减排市场和强制减排市场。虽然自愿性的碳排放权交易市场缺乏明确的法律基础，交易规模有限，但操作周期短，运作机制灵活，是碳金融衍生品的重要孵化器。根据组织形式划分，可分为场内交易市场和场外交易市场。场内交易主要在气候交易所进行，场外交易相对于有形的交易平台来说，属于一种分散性、非标准化交易。

在减排量市场蓬勃发展的同时，中国也紧锣密鼓地将建设配额交易市场的计划提上了日程。2011 年 10 月，国家发展改革委下发《关于开展碳排放权交易试点工作的通知》，批准在北京、天津、上海、重庆、湖北、广东和深圳开展碳排放权交易试点工作，该通知打开了我国建设碳市场的大门。随后十年中国政府又出台了各类政策，不断探索，把试点经验推广至全国，并最终于 2021 年 1 月通过了《全国碳排放权交易管理办法（试行）》，该文件明确了有关全国碳市场的各项定义，对重点排放单位纳入标准、配额总量设定与分配、交易主体、核查方式、报告与信息披露、监管和违约惩罚等方面进行了全面规定，是中国碳市场发展的又一里程碑。

我国的配额碳市场建设可以分为以下几个重要部分：（1）确定覆盖范围和目标总量；（2）确定配额分配；（3）测量、报告与核查（MRV）；（4）履约机制建设。碳市场运行机制如图 5-6 所示。

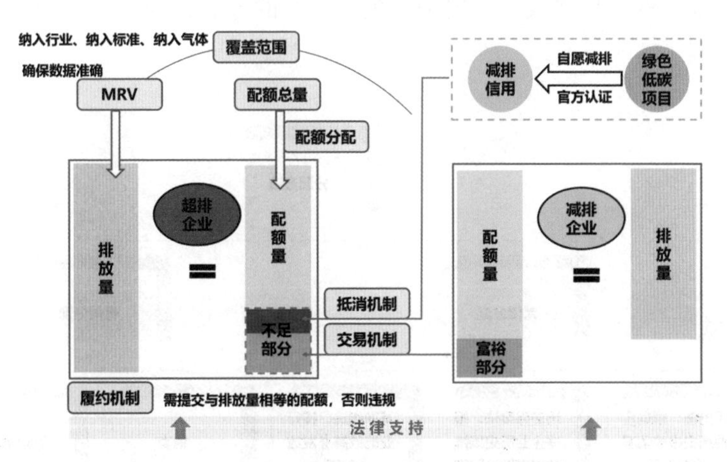

图 5-6　成熟的配额碳市场运行机制示意图

确定配额总量和覆盖范围：2018 年，国务院通过《全国碳排放配额总量设定与分配方案》，明确了全国碳市场总量和配额设定原则。配额总量设定的方法（图 5-7）通常有两种，分别是“自上而下法”和“自下而上法”，前者从宏观角度出发，按照碳排放强度和碳排放总量的减排目标，结合经济发展水平制定配额；后者则从实体企业出发，根据控排企业的年排放量之和，

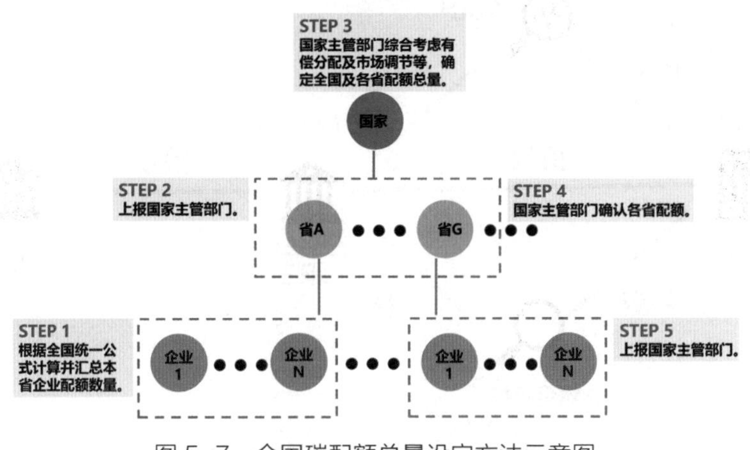

图 5-7　全国碳配额总量设定方法示意图

估算配额总量。中国目前采取两种方法相结合的原则。全国碳市场覆盖石化、化工、建材、钢铁、有色、造纸、电力、航空八大行业，包括原油加工、乙烯、电石等18个子行业。除此之外，其他企业自备电厂也按照发电行业纳入。

分配方法：配额分配有免费分配和有偿分配两种方式。常用的免费分配的方法包括历史法、历史强度法和基准线法。有偿分配主要分为拍卖和固定价格出售两种。目前我国主要采用免费分配的方法，未来会逐步增加有偿分配的比例（图5-8）。

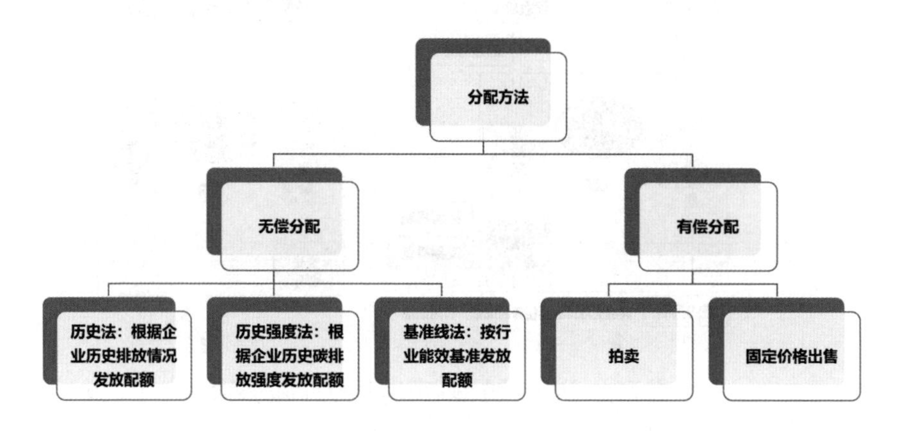

图5-8　全国碳配额总量分配方法示意图

MRV：MRV是一个名词组合，即“报告，测量与核查”（Measurement, Reporting and Verification），是监督碳市场正常运行必不可缺的流程。国家发改委和生态环境部多次发布做好年度碳排放报告与核查及排放监测计划制定工作的通知（图5-9）。

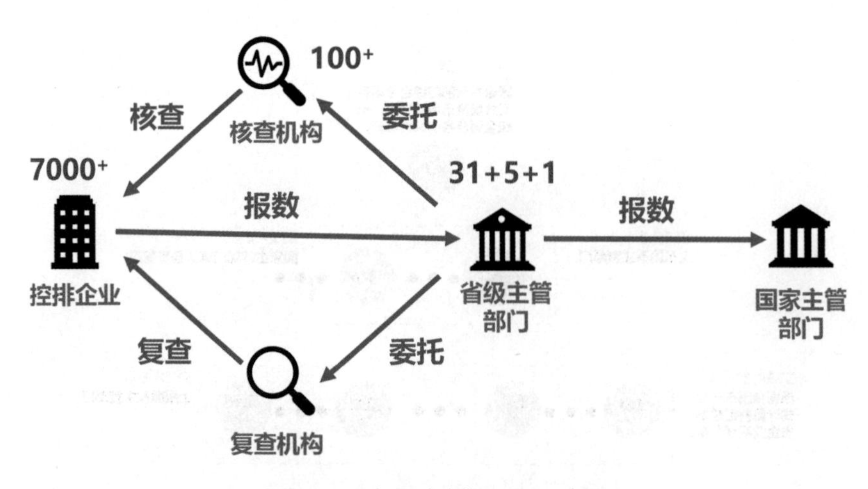

图5-9　中国碳市场MRV流程

履约机制：碳市场的履约包括两个层面内容：一是控排企业需按时提交合规的监测计划和排放报告；二是控排企业须在当地主管部门规定的期限内，按实际年度排放指标完成碳配额清缴。履约是碳排放权交易的重要环节，如果缺乏完善的履约机制，那么碳市场的公信力和约束力会受到沉重打击。尽管我国不同的碳交易试点城市具有不同的未履约处罚方法，但从履约率上来看，除重庆外的 6 个试点城市的历史履约率均在 96%，可以认为国内的碳市场履约机制较为完善。

第三节　碳核查

碳核查是指第三方机构对碳排放单位提交的温室气体排放报告进行核查，是参与碳交易的必要前置工作，以确定提交的排放数据有效。碳交易是实现碳中和的重要一环，参与碳交易的企业主动申报碳排放量，然后根据国家给予的碳排放配额进行交易。为确保企业申报的碳排放量真实有效，必须由具有资质的第三方机构对其进行核查，因此碳核查是碳交易的必要前置工作。

生态环境部从 2014 年即发布《碳排放权交易管理暂行办法》，2021 年 2 月 1 日开始执行《碳排放权交易管理办法（试行）》，其中对碳核查作出规定：省级生态环境主管部门应当组织开展对重点排放单位温室气体排放报告的核查，并将核查结果告知重点排放单位，核查结果应当作为重点排放单位碳排放配额清缴依据；省级生态环境主管部门可以通过政府购买服务的方式委托技术服务机构提供核查服务（图 5-10）。

碳排放量的核算方法主要有两类，第一类是通过连续监测浓度和流速（CEMS）直接测量温室气体排放量，第二类是基于计算的碳核算法，包括基于具体设施和工艺流程的碳质量平衡法计算、排放因子法计算。

CEMS 方法进行测量可以提供实时动态的数据，目前在 SO_2、NOx 等污

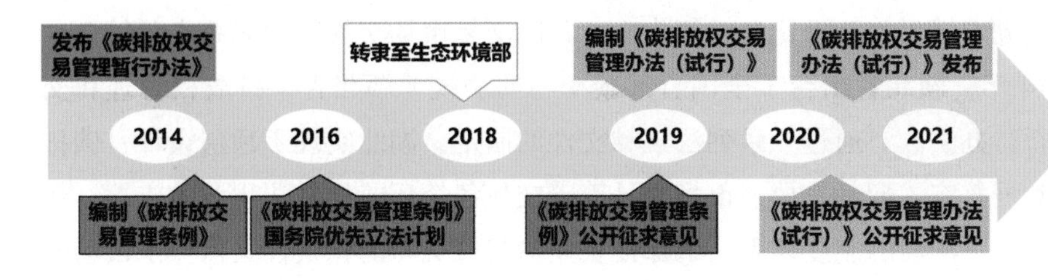

图 5-10　碳排放权交易法律法规建设历程

染物监测中已广泛使用，针对 CO_2，使用红外法可实现良好的浓度响应，但在非集中排放的场景中容易造成误差，且成本较高。2020 年，欧盟多数企业采用基于计算的碳核算法，仅 155 个排放机组（占比 1.5%）使用了 CEMS。

我国目前最易于推广的是基于计算的碳核算法，这就不可避免地需要引入第三方机构进行碳核查。由于我国的碳交易正处于早期推进阶段，假设首先由全国规模以上（收入 2 000 万元以上）工业企业参与，保守测算碳核查市场空间约为 150 亿元，未来将持续扩大。根据国家统计局数据，目前全国规模以上工业企业数量为 37.8 万家，涵盖采矿业、制造业、电力、热力、燃气及水生产供应等行业。根据产业调研，企业一年至少需要做 2 次碳核查（图 5-11），每次核查费用至少为 2 万元，那么每年碳核查的市场空间约为 150 亿元（37.8 万 ×2×2 万元）。未来随着全国碳交易工作的持续推进，大量中小型企业也将参与，市场空间将持续扩大。对于具备碳核查服务能力的供应商而言，将获得较大的纯增量市场，未来业绩有望受益。

图 5-11　碳核查概念图

全国碳排放权交易市场主要包括两个部分。其中，交易中心落地上海，碳配额登记系统设在湖北武汉。2021 年 7 月 16 日，全国统一的碳排放权交易市场正式开启上线交易。全国碳市场建设采用“双城”模式，即上海负责交易系统建设，湖北武汉负责登记结算系统建设。至此，我国长达七年的碳排放权交易市场试点工作终于迎来了统一，湖北武汉将在全国碳交易市场中发挥重要的作用。

湖北武汉作为登记和结算中心，其碳交易市场交易规则体系十分健全。2014 年，湖北省出台了全国首部碳交易的法规《湖北省碳排放权管理和交易暂行办法》。通过一系列法规和文件的制定，湖北实现了顶层设计、碳排放数据核查、配额发放、市场交易等碳交易各个环节均有法规政策支撑，形成了上下配套的制度体系。既保证企业参与碳交易的积极性又保障了市场的流动性。另外，湖北是全国最活跃的碳交易市场。湖北碳交易市场参与主体数量在全国试点市场中遥遥领先。湖北碳交易市场现有各类市场主体 9860 个，其中个人账户高达 9196 户，参与控排的企业 373 家，投资机构 291 户。从 2021 年以来各个试点地区的交易情况来看，湖北省的碳交易总量和碳交易总额都位列首位，分别为 7827.65 万吨和 1688 亿元。

由于湖北省的碳交易规则体系十分健全，湖北碳排放权交易市场是全国最活跃的碳交易市场，因此湖北武汉是全国碳排放权交易市场的登记和结算中心。

第四节　碳资产

碳资产是指在强制碳排放权交易机制或者自愿碳排放权交易机制下，产生的可直接或间接影响组织温室气体排放的配额排放权、减排信用额及相关活动。例如：

（1）在碳交易体系下，企业由政府分配的排放量配额；

（2）企业内部通过节能技改活动，减少企业的碳排放量。由于该行为使得企业可在市场流转交易的排放量配额增加，因此，也可以被称为碳资产；

（3）企业投资开发的零排放项目或者减排项目所产生的减排信用额，且该项目成功申请了清洁发展机制项目（CDM）或者中国核证自愿减排项目（CCER），并在碳交易市场上进行交易或转让，此减排信用额也可称为碳资产（图 5-12）。

碳资产，作为一种环境资源资产，具有稀缺性、消耗性和投资性的特点。同时，碳资产作为一种金融资产，具有商品属性和金融属性。此外，碳资产还具有可透支性的特点。

在碳交易制度下，碳资产又可细分为配额碳资产和减排碳资产，这一概念在吴宏杰先生《碳资产管理》一书中首次提出。

1. 配额碳资产

配额碳资产，是指通过政府机构分配或进行配额交易而获得的碳资产，它是在“总量控制 - 交易机制”(cap-and-trade) 下产

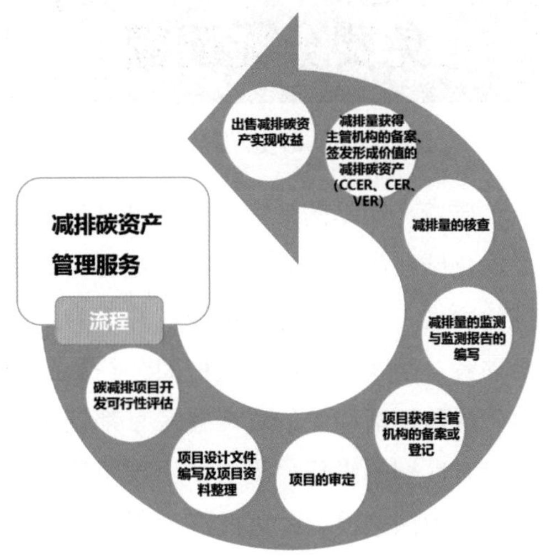

图 5-12　减排碳资产管理服务

生的。在结合环境目标的前提下，政府会预先设定一个期间内温室气体排放的总量上限，即总量控制。在总量控制的基础上，将总量任务分配给各个企业，形成“碳排放配额”，作为企业在特定时间段内允许排放的温室气体数量，如欧盟排放交易体系下的欧盟碳配额（European Union Allowances, EUAs）、中国各碳交易试点下的配额等。

2. 减排碳资产

减排碳资产，也称为碳减排信用额或信用碳资产，是指企业通过自身主动地进行温室气体减排行动，得到政府认可的碳资产，或是通过碳交易市场进行信用额交易获得的碳资产，它是在“信用交易机制”(credit-trading)下产生的。在一般情况下，温室气体控排企业/主体可以通过购买减排碳资产，用以抵消其温室气体超额排放量，如清洁发展机制（Clean Develoment Mechanism, CDM）下的CER、中国自愿减排机制下的核证自愿减排量（China Certified Emission Reducation, CCER）。

“碳资产”的财务特征是这样的：它是一个企业获得的额外产品，不是贷款，是可以出售的资产，同时还具有可储备性；碳资产的价格随行就市，每年呈上涨趋势；其支付方式是外汇现金交割，“货到付款”外汇现金结算；除此之外，它还有其他的独到含义，比如：买方信用评级极高，它既对股东有利，同时对融资（贷方）有利。而且这将大大提升项目企业的公共形象，获得无形的社会附加值（图5-13）。

图5-13　碳资产管理服务

碳资产交易的形成：在环境合理容量的前提下，政治家们人为规定包括二氧化碳在内的温室气体的排放行为要受到限制，由此导致碳的排放权和减排量额度（信用）开始稀缺，并成为一种有价产品，称为碳资产。碳资产的推动者，是《联合国气候框架公约》的100个成员国及《京都议定书》签署国。这种逐渐稀缺的资产在《京都议定书》规定的发达国家与发展中国家共同但有区别的责任前提下，出现了流动的可能。由于发达国家有减排责任，而发展中国家没有，因此产生了碳资产在世界各国的分布不同。另一方面，减排的实质是能源问题，发达国家的能源利用效率高，能源结构优化，新的能源技术被大量采用，因此本国进一步减排的成本极高，难度较大。而发展中国家，能源效率低，减排空间大，成本也低。这导致了同一减排单位在不同国家之间存在着不同的成本，形成了价格差。发达国家需求很大，发展中国家供应能力也很大，国际碳交易市场由此产生。

第五节　国内碳交易市场

为了应对气候变化、实现绿色低碳转型，中国政府制定和实施了一系列减缓气候变化的政策和行动，例如，开展低碳城市试点、实施碳强度目标责任考核制、增加森林碳汇等。自2000年以来，随着市场主体地位的不断确立，利用市场机制逐渐成为解决气候变化问题的重要手段。碳排放权交易作为推进绿色低碳发展的一项重大体制创新，已经成为落实减排承诺、实现减排目标的重要政策工具。

2011年10月，我国国家发展和改革委员会批准北京、天津、上海、重庆、湖北、广东和深圳7个省市开展碳排放权交易试点，拉开我国碳交易市场建设的帷幕（图5-14）。我国碳交易市场以配额市场为主，核证自愿减排市场为补充。2012年以前我国主要以参与清洁发展机制（CDM）项目为主，随着后“京都时代”的来临，我国开启了碳交易市场的建设工作。

自2013年我国7个试点碳市场陆续启动运行以来，相关交易业务加速发展壮大。据统计，目前共有2 837家重点排放单位、1 082家非履约机构和11 169个自然人参与碳市场交易试点。

在2013—2019年间，碳交易市场成交量从36.05万吨增加到6 630.04万吨，累计成交量达到26 471.05万吨；成交金额从0.22亿元增加到15.01亿元，累计成交额达到55.85亿元，中国试点碳市场已发展成为仅次于欧盟

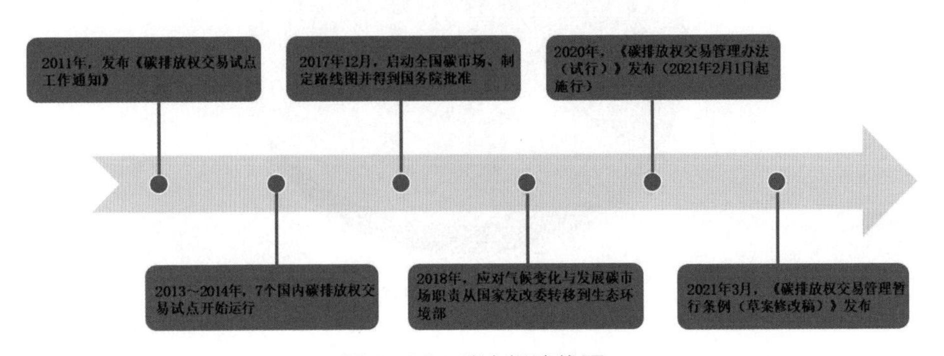

图5-14　碳市场路线图

的全球第二大碳市场。

七个试点碳市场自开市以来累积交易量占比情况如图 5-15 所示。湖北和广东作为省级碳市场，交易量占全国各个试点碳市场交易总量的比例最高，分别达到 33.82% 和 30.22%。重庆和天津市场成交量和成交额则较小，交易几乎陷于停滞，其中天津的碳交易累计成交量最小仅占全国各个试点碳市场交易总量的 1.70%，占比最低。可以发现，由于经济发展水平、制度设计等方面的差异，各试点碳市场规模存在较大差异。

中国在积极构建新型国际关系和人类命运共同体背景下，除电力行业外，钢铁、水泥、化工、电解铝和造纸等行业预计将在“十四五”期间纳入全国碳排放市场。根据美国波士顿咨询公司预测，从目前到 2050 年，中国为实现碳中和目标，或将需要 90 万亿 ~ 100 万亿元人民币的投资，这些投资在未来 5 ~ 10 年将为中国经济提供稳定的增长驱动，预计每年增长率 5% ~ 6%。由此可见，碳中和不是一种经济负担，它将为社会经济增长和转型创造更多发展机会。

我国在实现绿色转型的过程中离不开国家对企业减排的引领和激励，让我们期待已久的碳排放交易已显现成为一种有效的市场化减排机制。经筹划和测试，2020 年 12 月 30 日中国生态环境部正式发布了《2019—2020 年全国碳排放权交易配额总量设定与分配实施方案（发电行业）》。根据该实施

图 5-15　交易量占全国各个试点碳市场交易总量的比例

方案，2019—2020年纳入全国碳市场的发电行业重点排放单位共计2 225家，初步估计这些火电企业二氧化碳总排放量40亿～45亿吨/年（表5-2）。

表5-2　2019—2020年各类别机组碳排放基准值

机组类别	机组类别范围	供电基准值 (tCO_2/MWh)	供热基准值 (tCO_2/GJ)
I	300 MW等级以上常规燃煤机组	0.877	0.126
II	300 MW等级及以下常规燃煤机组	0.979	0.126
III	燃煤矸石、水煤浆等非常规燃煤机组(含燃煤循环流化床机组)	1.146	0.126
IV	燃气机组	0.392	0.059

与此同时，中国生态环境部也将加快推进全国碳排放权注册登记系统和交易系统建设，逐步扩大市场覆盖行业范围，丰富交易品种和交易方式，有效发挥市场机制在控制温室气体排放、促进绿色低碳技术创新、引导气候投融资等方面的重要作用。全国碳交易市场已于2021年启动并按照试点地区碳市场的流动性预测，即5%的配额进入碳交易平台，预计全国碳市场或将达到2亿吨以上的交易规模，若未来能在品种和机制上再有所突破，则其流动性有望进一步提升，交易规模还有很大的增长空间。

第六节　欧盟及美国碳交易市场

一、欧盟碳交易市场

欧盟碳交易体系是目前世界上历史最悠久、规模最大的碳交易市场，由欧盟主导的欧盟碳排放交易体系(EU-ETS)于2005年正式启动，是世界上首个最大的跨国二氧化碳交易项目，是欧洲碳交易市场的载体，现覆盖欧盟27个国家的电力、钢铁、水泥等行业11 000个主要能源消费和排放企业，涵盖了欧盟二氧化碳排放总量的一半。欧盟碳排放交易体系（EU-ETS）主要由五大制度构成，分别为总量控制体系、MRV体系、强制履约体系、减排项目抵消机制和统一登记簿制度。欧盟碳交易市场从启动至今经历了四个阶段：探索阶段、改革阶段、发展阶段和创新阶段。随着排放许可上限阶段性降低，碳排放交易覆盖范围逐渐扩展以及配额分配方式的转变，欧盟碳交易市场逐步走向成熟。

EU-ETS属于总量交易(cap-trade)，即在污染物排放总量不超过允许排放量或逐年降低的前提下，内部各排放源可通过货币交换的方式相互调剂排放量，实现减少排放、保护环境的目的（图 5-16）。

具体而言，欧盟各成员国根据欧盟委员会颁布的规则，为本国设置一个排放量的上限，确定纳入排放交易体系的产业和企业，并向这些企业分配一定数量的排放许可权——欧盟碳配额 (EUA)。

碳交易机制随着四个实施阶段的推进逐步完善达到促进市场主体减少碳排放的目的。EU-ETS 计划规定的四个实施阶段如下：

第一阶段为 2005—2007 年，作为试验性阶段。交易的温室气体仅涉及对气候变化影响最大的二氧化碳的排放权，并非《京都议定书》提出的六种温室气体。EU-ETS 范围覆盖了欧盟 28 个成员国中 20 MW 以上的电厂、炼油、炼焦、钢铁、水泥、玻璃、石灰、制砖、制陶、造纸等 10 个行业。这一阶段 95% 的配额是免费分配的。根据每个成员国提供的国家分配计划 (NAP）进行分配，如有必要，可由欧盟委员会进行调整。此阶段主要目的并不在于实现温室气体的大幅减排，而是获得碳市场的经验，为后续阶段正式履行《京都议定书》奠定基础（图 5-17）。

第二阶段为 2008—2012 年，时间跨度与《京都议定书》首次承诺时间保持一致。欧盟正式履行对《京都议定书》的承诺，到 2012 年，在 1990 年的基础上减少 8% 温室气体排放。行业覆盖范围在第一阶段的基础上再加上航空业。在第二阶段，参与国在欧盟 28 个成员国基础上扩充了挪威、冰岛和列支敦士登；以欧盟范围内统一的排放上限取代从前各成员国的排放上限体系；免费配额减少，特别是电力公司的免费配额减少至 90%。新纳入企业储备配额 (New Entrants Reserve,NER）中预留 3 亿吨配额，通过“NER300 项目”用于资助创新可再生能源技术和碳捕获与埋存技术的应用。

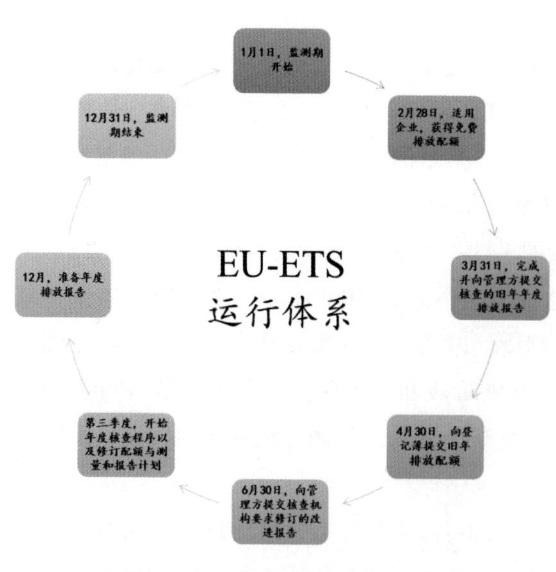

图 5-16　EU-ETS 运行体系

第三阶段是从 2013—2020 年。在此阶段内，排放总量每年以 1.74% 的速度下降，以确保 2020 年温室气体排放要比 1990 年至少低 20%。此阶段更多的行业被覆盖并接受欧盟排放交易体系管理，包括第一阶段所有行业及制铝、石油化工、制氨、硝酸、乙二酸、乙醛酸生产、碳捕获、管线输送、二氧化碳地下储存、航空业。第三阶段电力公司不再得到免费的配额，而是被要求通过参与拍卖或在二级市场购买来获取需要的所有配额。

图 5-17　钢铁、水泥、化工、造纸等行业

第四阶段为2021—2030年，欧盟委员会已于2015年7月公布了对EU-ETS修改的立法建议，并在2018年2月6日通过了最新更加严苛要求的修改，修改的主要内容是：加强欧盟排放交易体系作为投资驱动力的作用，到2021年，将配额的年度削减速度提高到2.2%，并加强市场稳定储备机制（MSR）；继续免费配额分配，以保障有碳泄漏危险工业行业的国际竞争力；通过多种低碳融资机制，帮助行业和电力部门应对低碳转型的创新和投资挑战。根据修订后的体系，到2030年，该体系覆盖的行业排放量将比2005年减少43%。

欧盟各成员国利用市场手段控制CDM(清洁发展机制)交易定价权以及碳交易二级金融市场，从发展中国家手中获取减排量，再通过欧盟碳交易体系、各国交易体系，以竞标或拍卖的方式，出售这些排放量并获益。同时，欧盟通过出售专利技术方式获得资金，并利用资金重新购买二级碳金融产品，控制碳减排量价格，从而控制整个市场。在此基础上，欧元日益发展成为主要的结算货币。加之美国因退出《京都议定书》而使其金融机构不能直接参与欧盟碳排放权交易体系、碳市场及CDM项目交易，美元的国际结算货币及其金融优势地位受到前所未有的挑战。与此同时，伦敦作为“气候变化资本”的发祥地，确立了其作为全球碳金融中心之一的国际地位(图5-18)。

欧盟的商业银行也在试图把握碳金融商机。它们或建立碳信用交易平台，如巴克莱银行现已发展成为碳信用市场上最大的交易平台；或积极对低碳项目提供贷款及风险投资，建立绿色信贷管理和环境风险评估制度，如荷银集团旗下专职为荷兰“绿色项目”提供贷款的两家分行共同管理的项目资金已达10亿欧元；或推出绿色信用卡，以该信用卡进行的各项消费为基础，计算出二氧化碳排放量，然后购买相应的可再生能源项目的减排量；或设立

图 5-18 伦敦：全球碳金融中心

基金，投资环境友好型项目，如瑞银推出的“瑞银全球排放指数”基金，能够使投资人根据该指数来了解碳排放的交易情况；德意志银行推出挂钩“德银气候保护基金”和“德银 DWS 环境气候变化基金”的基金，专门投资环境友好型项目。

二、美国碳交易市场

美国国内虽没有形成政府规制严格的碳配额交易市场，但 2003 年建立的芝加哥气候交易所 (CCX) 是全球第一家也是北美唯一一家受一定法律约束的自愿的温室气体减排和交易机构，拥有的会员涉及全球 200 多个跨国企业。《芝加哥协定》规定温室气体减排采取分期进行的方式开展，分为两个阶段，第一阶段 2003—2006 年间，以 1998—2001 年四年的平均排放量为基准，要求会员至少每年减排 1%，至 2006 年相对于基准至少减少 4%；2006—2010 年为第二阶段，以 2003 年的排放量为基准，要求会员以不同的幅度逐年减少，到 2010 年排放量比基准至少减少 6%。具体减排时间表见表 5-3。

2007 年 12 月，纽约商业交易所控股有限公司宣布牵头组建全球最大的环保衍生品交易所“Green Ex-change”。该交易所不仅上市环保期货、互换合约，还将继续开发可再生能源方面的环保金融衍生产品。交易品种除交

表 5-3 芝加哥气候交易所制定的温室气体减排计划

年份	参与第一及第二阶段的会员	只参与第二阶段的会员
2003	1%减排量	
2004	2%减排量	
2005	3%减排量	
2006	4%减排量	
2007	4.25%减排量	1.5%减排量
2008	4.5%减排量	3%减排量
2009	5%减排量	4.5%减排量
2010	6%减排量	6%减排量

易所认证发放的可再生能源许可额度(RECs)外，还包括联合国清洁发展机制发放的碳排放信用(CERs)、欧盟排放交易计划发放的碳排放额度(EUAs)。2008年，美国东北部及大西洋中部沿岸各州组成了区域温室气体减排行动(RGGI)，并形成了“核实减排额”。目前，RGGI已是全球第二大配额交易市场。美国金融机构基于芝加哥气候交易所和区域温室气体减排行动，掌握了VER的定价权，加之美元作为最主要储备货币和计价货币，可以较为便利地开发出多种碳金融产品，做大碳金融市场。CCX现已拥有比较完备的碳金融产品，既可以进行碳信用现货交易，也可以进行碳期货交易。CCX不断向其他温室气体减排计划和地区进行扩张，目前其附属交易所包括：芝加哥气候期货交易所、蒙特利尔气候交易所和欧洲气候交易所。此外，CCX还将触角伸及亚洲，积极参与印度气候交易所(ICX)的开发工作，尝试在印度试水第一个总量控制交易计划。

虽然美国国内没有形成政府规制严格的碳配额交易市场，但美国在推动世界碳金融创新发展中的作用和地位依然重要。在美国，大型、标准化的环保衍生品交易所进一步推动了碳金融的创新发展，推出天气期货最早、发展最为完善的是芝加哥商业交易所(CME)。自1997年正式交易至今，该交易所已开展了温度指数、霜冻指数、降雪指数、飓风指数等天气期货。其中温度指数期货2005年交易量达到了22万手，比2002年增长了50多倍。CME除了推出美国天气期货外，还推出了欧洲天气期货和亚太天气期货。这些期货品种的开发均具有良好的市场基础，因为世界上有许多能源企业都面临着天气变化所造成的销售量大幅变动的风险，还有不少行业的运营也受到天气的直接影响。此外，在提高天气期货交易的流动性方面，CME通过做市商为买卖双方的成交提供便利，使企业能更方便地进出该市场。

第七节　碳经济展望

一、国内碳经济展望

我国七个试点碳市场的市场表现差异性较大，这与各地能源消费结构、经济发展水平、政府监管力度等的差异有关。全国碳市场在初期建设阶段，应更加注重探索七个试点碳市场出现差异的原因，为完善市场机制设计和相关政策制定提供借鉴。2019年基础建设工作尚未全部完成，全国碳市场模拟运行未能如期进行，国家生态环境部应协同相关部门继续推动出台《碳排放权交易管理暂行条例》和其他相关配额分配政策、履约管理政策、监管机制政策等，早日满足发电行业测试运行的条件。

全国碳市场的总体部署不变，仍从电力生产和供应业起步，将分阶段逐步扩大覆盖的行业和降低纳入企业的门槛，以保证碳市场的效果、效率和公平性。争取在“十四五”期间扩大到石油加工及炼焦业、化学原料和化学制品制造业、非金属矿物制品业、黑色金属冶炼和压延加工业、有色金属冶炼和压延加工业、造纸和纸制品业、民航业等年综合能耗达到1万吨标准煤的企业。覆盖的温室气体种类为二氧化碳，排放源类别不仅包括化石燃料燃烧产生的直接碳排放，也要包括电力和热力使用的间接碳排放，这将在我国电力市场尚缺乏价格传导机制的情况下，促进电力消费部门节电与发电部门提效的联动，这也是我国碳市场设计有别于发达国家的一个特点。

碳排放权交易的机制是一种通过市场机制配置碳排放权资源的重要途径，是低成本实现温室气体排放控制目标、促进经济发展、实现经济转型的重要举措。全国碳市场建设提出了远期发展目标：将80%发电行业企业纳入重点排放单位，并逐步引入国家核证自愿减排。2021—2025年间将逐步纳入其余高排放行业，探索开展配额衍生品交易和配额有偿分配。

2020年全国碳市场的配额达到33亿吨，覆盖我国二氧化碳排放总量的30%左右。当前我国已经实现了2020年的碳强度在2005年的基础上降低40%～45%的碳强度减排目标，未来全国碳市场的顺利运行将对我国实现二氧化碳排放在2030年之前尽早达峰这一目标，发挥积极促进作用（图5-19）。

二、国际碳经济展望

随着中国碳市场的启动，全球碳市场覆盖的温室气体排放将进一步增大，将约束更多的行业和企业进行减排。未来将会有更多的国家和地区建立碳排放权交易机制。其中，墨西哥、乌克兰、新泽西州、弗吉尼亚、哥伦比亚等正在进行碳排放权交易机制的建设，预计不久的将来可以正式启动其碳市场；华盛顿、新墨西哥州、俄勒冈州、俄罗斯、泰国、印尼等12个国家和地区也正在考虑引入碳排放权交易机制，未来有望成为全球碳市场的成员，使碳市场的覆盖区域进一步扩大，这将有利于实现长期、可持续的碳减排。

图5-19　碳市场带来的GDP增长